陶瓷轴承转子系统状态监测与故障诊断

白晓天　何凤霞　著

中国纺织出版社有限公司

内 容 提 要

本书是一本论述陶瓷轴承转子系统状态监测与故障诊断的检测原理,并分析其规律的学术专著。全书共分为7章,第1章为陶瓷轴承转子系统发展概述,第2章建立了适用于陶瓷轴承转子系统的振动信号及声信号的状态监测理论模型,第3章分析了全陶瓷球轴承在非均匀承载工况下的状态监测及诊断方法,第4章分析了全陶瓷球轴承通过辐射噪声进行故障定位及状态监测的方法,第5、第6章分析了宽温域或多支撑条件下的动态特性及状态监测手段,第7章通过试验对建立的模型进行了分析与验证。

本书可供从事全陶瓷轴承转子系统设计与使用工作的人员阅读,也可供高等院校机械工程专业的研究生、本科生参考使用。

图书在版编目(CIP)数据

陶瓷轴承转子系统状态监测与故障诊断 / 白晓天,何凤霞著. --北京:中国纺织出版社有限公司,2024.1

ISBN 978-7-5229-1285-1

Ⅰ. ①陶… Ⅱ. ①白… ②何… Ⅲ. ①陶瓷滚动轴承-故障诊断 Ⅳ. ①TH133.33

中国国家版本馆 CIP 数据核字(2023)第 243655 号

责任编辑:沈 靖 孔会云 责任校对:寇晨晨
责任印制:王艳丽

中国纺织出版社有限公司出版发行
地址:北京市朝阳区百子湾东里 A407 号楼 邮政编码:100124
销售电话:010—67004422 传真:010—87155801
http://www.c-textilep.com
中国纺织出版社天猫旗舰店
官方微博 http://weibo.com/2119887771
三河市宏盛印务有限公司印刷 各地新华书店经销
2024 年 1 月第 1 版第 1 次印刷
开本:710×1000 1/16 印张:14
字数:195 千字 定价:88.00 元

前　言

在科技的不断发展过程中，高速与高精度加工、航空航天装备制造等高精尖领域始终占据重要的战略地位，其发展水平也是决定我国发展战略、提升我国国际地位的关键一环。航空航天装备的服役性能很大程度上取决于其内部核心部件——轴承转子系统。使用工程陶瓷材料制作轴、轴承套圈与滚动体的陶瓷轴承转子系统具有密度小、刚度大、抗热震性好等优点，在高速与高精度加工、航空航天装备制造领域具有重要的应用价值与广阔的应用前景，可满足我国抢占科技制高点的重大需求。然而，在该领域常见的各种极端工况条件下，陶瓷轴承转子系统动态特性呈现强非线性与耦合特性，给相关设备状态监测与运行维护造成困难。对陶瓷轴承转子系统动态特性进行精准分析，揭示非线性与耦合成分产生机理是突破这一技术瓶颈的重要前提。

构成陶瓷轴承转子系统的工程陶瓷材料热变形系数小，刚度较大，在宽温域工作条件下，轴承座与轴承外圈之间呈现温变配合间隙，并在润滑剂不足的乏油条件下呈现滚动体非均匀承载效应，这两种特异性因素是导致系统动态特性呈现强非线性与耦合特性的直接原因。在这两种效应的影响下，外圈—轴承座与轴—转子之间产生相对运动，滚动体与轴承套圈间接触力发生变化，系统的耦合特性也随着载荷与位移边界条件发生变化，从而造成系统动态特性变化。现有模型中未考虑这两种效应的影响，其研究方法和结论不适于直接移植到陶瓷轴承转子系统研究中。因此，本书结合工程陶瓷材料特性，对宽温域、乏油等工作条件下陶瓷轴承转子系统中的特有效应进行研究，揭示系统动态特性中非线性与耦合成分的产生机理，实现陶瓷轴承转子系统运行状态的准确预测。与现有模型相比，该模型能够有效地解决极端工况下陶瓷轴承转子系统动态特性非线性强、预测精度差的问题，获取系统响应中

1

各动力学行为对应的时频特征与耦合特征，对宽温域下陶瓷轴承转子系统具有良好的适用性，为极端工况下各种高品质设备中陶瓷轴承转子系统的正常使用与运行维护提供理论基础。

另外，陶瓷材料为脆性材料，故障往往位于材料内部，对轴承转子系统振动情况影响较小，运行状态特征微弱，在振动特性中得不到准确反映，难以建立动态特性与运行状态之间的关联，因此基于振动信号的特征识别效果一般，需要结合声信号等特征进行准确识别。针对这一问题，本书在面向全陶瓷轴承建立声辐射模型的基础上，揭示了辐射噪声的产生与传递过程，并分别基于本书建立的全陶瓷轴承动力学模型与传统动力学模型对轴承辐射噪声分布情况进行了计算。通过求解系统中各部件表面振动情况，结合陶瓷材料各向异性与声场温度不均匀性，建立陶瓷轴承转子系统声辐射模型。在健康模型中添加裂纹、剥落等故障特征，获取系统运行状态信息中的振动信号。将振动时频特征与声辐射空间分布特征相结合，拓展信号分析维度，建立了系统运行状态与动态特性之间的映射关系。与现有方法相比，该方法有效地解决了陶瓷轴承转子系统中微弱故障难以及时识别的难题，结合振动信号受背景噪声影响小与声辐射信号测点位置自由度高的优点，为宽温域、乏油条件下陶瓷轴承转子系统相关设备运行维护提供了理论基础与技术支持，为我国高速加工、航空航天等科技领域朝高精度、高效率方向发展提供可靠保障。

本书为作者及所在研究团队多年来对陶瓷轴承转子系统进行研究的部分工作总结，而陶瓷轴承转子系统由于其材料特性与传统钢制轴承转子系统存在较大差异，因此其振动及噪声特性与状态演化是一个更复杂的过程，需要进行更深入的探索。希望本书能够为致力于陶瓷轴承转子系统动力学与故障诊断研究的学者提供参考，对陶瓷轴承转子系统及其相关设备领域的研究起到微薄的推进作用。

本书为作者在博士后研究阶段的延续与发展，在博士后研究阶段，完成了全陶瓷轴承理论模型的搭建与声辐射模型的建立，后续工作为在此基础上所做的理论方面的延伸。在完成本书涉及的研究过程中，得到了国家自然科学基金项目"面向宽温域乏油条件的陶瓷轴承转子系统动态特性研究"（项目编号：52275119）、国家自然科学基金项目"陶瓷轴承转子系统故障动力学行为与识别方法研究"（项目编号：52075348）、国家自然科学基金项目"基于噪声特征的乏油全陶瓷球轴承承载状态识别方法研究"（项目编号：51905357）、辽宁省教育厅重点攻关项目"基于振声特征的陶瓷轴承转子系统运行状态识别方法研究"（项目编号：LJKZZ2022078）、航空动力装备振动及控制教育部重点实验室开放课题"宽温域乏油条件下中小型航空器陶瓷轴承转子系统状态识别方法研究"（项目编号：VCAME202203）等项目的大力支持与资助。

在本书涉及的研究过程中，沈阳建筑大学部分博士、硕士研究生参与了研究工作，作者在此向为本研究工作提供帮助的所有人员表示感谢。由于作者水平有限，书中难免存在有疏漏和不足之处，烦请各位读者批评指正。

作者

2023 年 8 月

目　录

第1章 陶瓷轴承转子系统发展概述

1.1 轴承转子系统的主要性能与分类

轴承转子系统是旋转机械中最重要的部件,其运行平稳度、回转精度、振声特性等性能对整个机械设备有着至关重要的影响[1-5]。轴承工业是国家基础性战略产业,对国民经济和国防建设起着重要的支撑作用。传统轴承转子系统采用轴承钢作为制造材料,近几十年来,随着科学技术的进步,滚动轴承的使用环境和条件越来越苛刻,如高速、高温、耐腐蚀、强磁性、乏油润滑等恶劣工况,传统钢制轴承已不能满足要求,逐渐出现了陶瓷轴承、塑料轴承等非金属轴承种类。其中,陶瓷轴承采用氮化硅、氧化锆等高性能陶瓷作为轴承材料,具有很多传统金属材料所不具备的优良物理化学特性,用陶瓷材料制得的轴承具有密度小、刚度大、表面硬度高、耐磨损、耐腐蚀、耐高温、运转精度高等特性,可广泛应用于航空航天、航海、石油、化工、汽车、电子设备、冶金、电力、纺织、泵类、医疗器械、科研和国防军事等领域,是新材料应用的高科技产品。

轴承转子系统可分为陶瓷轴承转子系统和钢制轴承转子系统两大类,其中陶瓷轴承转子系统采用的轴承为陶瓷轴承,钢制轴承转子系统采用的轴承为钢轴承。陶瓷轴承又可分为混合陶瓷轴承与全陶瓷轴承两大类,两种轴承的共同点在于其滚动体均由陶瓷材料制成,陶瓷滚动体密度较小,便于在航空、航天、航海相关设备中实现轻量化设计,减小设备负荷,且滚动体质量小,在高转速下离心力小,提高了轴承承载能力,减小了滚动体与轴承套圈间的磨损,延长了轴承使用寿命。混合陶瓷轴承与全陶瓷轴承的区别在于,混合陶瓷轴承采用陶瓷

1

材料制作滚动体,内圈、外圈依然采用轴承钢制成,而全陶瓷轴承的内圈、外圈、滚动体均采用陶瓷材料制成,如图1.1所示。

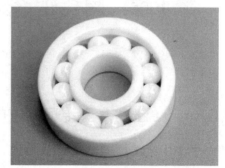

(a) 混合陶瓷轴承   (b) 全陶瓷轴承

图1.1 混合陶瓷轴承与全陶瓷轴承

混合陶瓷轴承制备简单,装配难度小,制造成本较低,生产效率高,现于汽车发动机、高速机床上已得到广泛应用,但由于其采用两种材料配合制成,运行过程中容易因硬度差产生严重磨损,在极端工况下其内圈、外圈寿命明显短于滚动体,大大降低了运行效率,使运行维护成本上升[6-8]。相比而言,全陶瓷轴承制备较困难,现有制造工艺难以满足高精度、批量制造要求,但其材料的硬度远大于普通轴承钢,同种型号轴承、相同工作条件下,全陶瓷轴承使用寿命可提高30%。另外,随着对航空发动机主轴轴承与超高速主轴轴承的要求不断提高,对轴承在高转速下的耐高温性能要求也不断提高。金属轴承套圈在高速运动下受摩擦热影响产生的内部应力与变形量较大,长期处于高速、高温工况下会导致外圈发生塑性变形,并最终造成轴承失效、破坏,其抗热震性差是导致金属轴承在高速、高温工况下难以长时间工作的主要原因。目前航空发动机中的轴承长期工作于高转速、高温、大温差的条件下,采用金属轴承与混合陶瓷轴承难以保持轴承工作精度,不利于延长轴承使用寿命[9]。

同时,由于工作转速高,设备维修周期长,轴承易长时间处于乏油状态。研究表明,对于带有金属构件的金属轴承与混合陶瓷轴承而言,在乏油工况下,轴承套圈与滚动体之间的剧烈摩擦会导致温度迅速升高,滚动体与套圈受热产生明显形变,轴承游隙减小,易导致轴承摩擦阻力增大,滚动体与套圈磨损量增加,工作效率降低,甚至导致轴承抱死,造成重大事故与经济损失。因此,在乏油工况下,轴承的服役性能是带有金属构件的金属轴承与混合陶瓷轴承难以解决的问题。对于全陶瓷轴承而言,其材料热变形系数仅为轴承钢材料的 1/5~1/4,且耐磨性好,在乏油工况下能够保证较长的使用寿命。

另外,全陶瓷轴承材料内部带有空隙,可以填充固体润滑剂,因而可采用自润滑手段保证其工作性能[10],这一优势使其在不能保证实时润滑条件下的服役性能明显优于传统钢制轴承。目前全陶瓷轴承在乏油工况下的极限工作温度已经突破 1000℃,连续工作时间可达 100h 以上。由此可知,相比于金属轴承,全陶瓷轴承在应用性能方面具有显著的优势。随着制造水平的不断提升,其应用前景势必更加广阔[11-13]。因此,全陶瓷轴承的故障定位与状态监测已成为国内外学者的研究热点。现阶段,常用的故障定位与状态监测有振动与声两种途径。两种方法各有优缺点,振动信号通常由振动传感器直接安装在设备上,为接触式安装,同时安装位置较为固定,且测点较少,而声信号通常为非接触式安装,安装位置比较灵活,并且可以同时安装多个测点,测试设备如图 1.2 所示。

(a) 振动传感器　　　　　　　　　(b) 声传感器

图 1.2　振动及声传感器

1.2　全陶瓷轴承故障诊断国内外发展现状

球轴承是一种重要的机械旋转部件,在旋转运动中起到至关重要的作用。轴承的质量对机械运行状态、系统精度、安全性和寿命等会产生重要影响[14-16]。滚动轴承的故障会引起转子系统的过度振动,造成转子碰摩,从而导致机器故障,给生产和经济造成损失[17]。识别轴承的故障位置具有以下意义:①轴承外圈的故障位置越靠近载荷中心,故障延伸越快,从而导致轴承的剩余使用寿命越短。②不同位置的故障对应不同的失效原因。因此,轴承外圈的故障位置识别对于排除故障、分析失效原因及球轴承的剩余使用寿命具有重要意义[18]。与传统轴承钢材料相比,工业陶瓷材料具有更高的硬度和脆性。因此,在轴承外圈的早期失效中,失效对全陶瓷轴承运行精度的影响更为明显,从而降低设备的工作性能[19-20]。因此,对滚动轴承外圈故障状态的监测、检测和预测提出了更高的要求。

早期对钢轴承外圈故障的研究分析主要集中在轴承外圈剥落和磨损故障的规模[21-28]。但考虑到工业陶瓷材料的力学性能,全陶瓷球轴承外圈的故障形式主要是裂纹和剥落。两种形式的故障往往同时发生,裂纹故障对全陶瓷球轴承运行精度的影响比剥落故障严重。由于高脆性、高硬度的全陶瓷球轴承的操作精度对外圈早期裂纹故障极为敏感,外圈不同位置、相同尺寸的裂纹对全陶瓷球轴承运行精度和剩余使用寿命的影响比钢轴承更为严重[29-34]。因此,识别全陶瓷轴承外圈裂纹的位置可以更准确、有效地揭示裂纹对全陶瓷轴承性能的影响,对于全陶瓷轴承系统的健康状态监测和寿命预测具有重要意义[35]。

现阶段与滚动轴承外圈故障定位相关的主要研究对象是钢轴承外圈剥落故障。其研究方法可分为动态建模方法和数据分析方法。Dick Petersen 等[36]分析了运行过程中滚动体与外圈故障位置的接触,研究了外圈故障位置与轴承载荷分布和时变刚度的关系,建立了轴承外圈局部故障动力学模型。Qin 等[37]

建立了基于耦合分段位移激励的局部故障动力学模型,在此基础上研究了外圈故障位置对轴承运行性能的影响。Moshrefzadeh 等[38]分析了滚动体通过外圈不同位置故障时产生的位移冲击激励,建立了轴承外圈局部故障模型。在基于数据分析的方法中,Cui 等[39-40]提出了基于数据分析识别外圈裂纹位置的水平—垂直同步均方根定位律和定位公式,改进了考虑滚动体通过外圈裂纹不同位置时接触载荷方向的水平—垂直同步均方根定位律和定位公式。Zhang 等[41]提出了一种基于多特征、核主元分析和粒子群优化支持向量机的轴承外圈故障诊断方法。针对滚动轴承故障大小和位置的精确诊断问题,Wang 等[42]提出了一种基于定量映射模型的滚动轴承定量定位故障诊断方法。

考虑到全陶瓷轴承外圈裂纹机理与钢轴承外圈裂纹机理的差异,现有的钢轴承外圈局部失效模型不能准确表征全陶瓷球轴承外圈局部裂纹失效时的动力响应。同时,仅对外环局部故障动力学模型进行模拟得到的时频域曲线对故障定位不是很清晰。而且现有的数据分析识别滚动轴承外圈局部故障位置的方法也需要改进,这些方法只能识别外圈上特定范围内的故障,而故障位置是在外圈上某一区域内识别的,因此很难准确识别全陶瓷球轴承外圈裂纹故障的位置。

滚动轴承是旋转机械中的基本元件,其运行稳定性对整个机械系统具有重要意义。在航空航天、核工业等许多先进领域,滚动轴承系统往往工作在较宽的温度范围内,从而对滚动轴承的抗热震性能提出了更高的要求。全陶瓷球轴承由于热变形小,在宽温度范围内表现出更好的稳定性,因此在宽温度范围的工作条件下比钢轴承发挥的作用更大[43-44]。全陶瓷球轴承的球和圈由氮化硅和氧化锆等工程陶瓷材料制成,从而为轴承系统提供了高刚度和耐磨性。陶瓷轴承系统在连续运行中,内、外滚道在冲击作用下经常出现裂纹、剥落等缺陷。陶瓷轴承构件由于缺乏塑性结合相而具有较差的抗表面开裂和剥落能力,当出现缺陷时,其性能会急剧下降。因此,陶瓷轴承的状态监测和故障诊断对于相关设备的稳定运行极为重要。目前,故障诊断主要在频域内进行,将轴承系统的峰值频率与预先得到的缺陷频率进行比较,以识别故障。对于全陶瓷轴承系统,由于与温度相关的配合间隙,外圈变得松动。外圈的运动导致轴承部件之间的非线性相互作用,缺陷频率也有明显变化,需要进行详细研究。配合间隙广泛存在于轴承系统中,不可避免地引起非线性动力学行为[45]。Chen 等[46]研究了配合间隙对振动响应的影响,指出配合间隙导致外圈与基座之间的周期性接触。Cao 等[47]在轴承—转子—台座耦合模型中考虑了配合间隙的影响,发现由于配合间隙引起的非线性自振荡,在响应中出现了多次谐波。Mao 等[48]提出了考虑环柔度和基座接触力的模型,结果表明配合间隙通过改变载荷分布对系统振动产生影响。Shi 等[49-50]证明了全陶瓷轴承的配合间隙随工作温度升高呈非线性增长,外圈在摩擦力矩的作用下,在底座内做自旋复合运动。因此,可以预测球和环之间的相对速度将发生变化。相对速度的变化直接导致缺陷频率的偏差,给不同温度下全瓷轴承系统的故障检测带来困难。

由于航空发动机、燃气轮机等高端技术的不断发展,对滚动轴承的性能要求显著提高。全陶瓷轴承具有刚度高、抗热震性好的优点,在高温下也能保持运转精度[51]。对于全陶瓷轴承,球圈采用氮化硅、氧化锆等工程陶瓷材料,保持架多采用酚醛树脂。陶瓷套圈和滚子具有良好的耐磨性,全陶瓷球轴承即使在乏油润滑条件下也能稳定工作。因此,全陶瓷轴承在宽温度范围的工作条件下通常为首选项[52],全陶瓷轴承系统已经在微型航空发动机和燃气轮机的关键部件中得到了应用。然而,全陶瓷轴承往往安装在钢基座中。陶瓷环与钢基座之间热变形的差异导致高温下配合间隙增大,产生轴承与基座之间的相对运动。外圈的运动会对基座造成冲击和额外的磨损,不利于保持运行精度。

综上所述,从发展现状来看,全陶瓷轴承故障诊断虽已取得了较多成果,但故障定位、动态状态监测及宽温域动力学行为等方面的研究仍不足,有待进一步分析讨论。

1.3 陶瓷轴承转子系统动态特性计算方法研究现状

对轴承转子系统动力学建模的方法主要包括传递矩阵法和有限元法,这两种方法都具有较高的精度,并且已得到广泛应用[53]。传递矩阵法的优点在于系统自由度不影响传递矩阵的维数,编程简单、易实现,所需存储空间少,求解速度快,但是有时会发生数值不稳定的现象。同时由于传递矩阵法对模型的简化程度大,而且在处理高阶固有频率的准确性方面有所欠缺[54]。因此在工程上,常用有限元法来模拟复杂系统,这种方法不能求出精确解,是一种数值计算方法。采用有限元法进行转子动力学分析可以很好地对复杂尺寸模型进行模拟并兼顾计算的效率与精度要求。有限元法的思想是对一个具有有限自由度的复杂转子进行离散,将对象看成由多个单元组成,每个单元之间在分割节点处相互作用,不同类型的单元有对应的标准处理方式。有限元法分析步骤为:首先将连续的系统离散为有限个结构单元,其次列出各单元之间的相互作用物理关系,最后将小单元的简单运动模型合成为复杂机械系统的运动模型[55]。对陶瓷轴承转子系统而言,将其划分为数个轴段单元,轴段单元采用梁单元模拟,各个梁单元的参数根据对应轴段的长度、直径和材料属性定义,然后在适当位置叠加上刚性圆盘单元来代表集中质量,在支承位置根据轴承的类型和具体参数安装轴承单元,各单元之间通过位移和受力关系相连接,就得到陶瓷轴承转子系统动力学模型。有限元法计算精度高,可以有效解决高速状态下的转子动力学问题。Cao 等[56-57]提出了一种主轴系统的通用计算模型,该模型可对轴承性能、主轴振型和主轴动静态特性进行仿真分析。Gao 等[58]建立了场路动力学耦合和多体动力学模型,采用有限元法研究了电主轴的耦合振动。Tong等[59]采用基于响应和时变特性的通用轴承模型结合有限元模型对转子—滚珠轴承系统的不平衡响应进行了仿真研究。Xi 等[60]提出了一种考虑轴承缺陷的机床主轴系统的动态建模方法,在建立主轴轴承系统动力学模型的基础上,研究了机床主轴内座圈存在多个缺陷时的动态振动特性。Cao 等[61]采用 Gupta方法对轴承进行建模,建立了完整的主轴系统动力学模型,并基于此提出了误差动态预测方法。Liu 等[62]探讨了过盈配合对主轴—轴承系统的影响机理,并利用过盈配合对分析的主轴—轴承模型进行了修正,预测了不同过盈配合值下主轴—轴承系统的静态和动态特性。Yang 等[63]开发了一种分析不同轴承配置下主轴刚度的方法,以便对主轴进行优化。Feng 等[64]提出的集成模型综合了研磨过程中机器动力及其交互影响,基于此研究了磨床主轴的轴承刚度、固有频率、轴尖刚度和变形。Lin 等[65]建立了双联角接触球轴承的准静态模型,并与电主轴模型结合,该模型可用于分析双联角接触球轴承支承的电主轴的动态特性。通过文献分析,轴承性能是影响转子动态性能的一大因素,转子的振动又会反过来影响轴承的动态性能,虽然动力学模型可以更好地模拟轴承实际工况,但其分析难度和计算难度太大,拟静力学模型在计算上相对简单,而且可以很好地模拟轴承的支承性能,在轴承—转子系统建模中更加常见。有限元法理论便于理解且易于和各类轴承模型结合,被广泛用于转子建模中。

选用 MATLAB 软件进行有限元数值仿真程序的编写,程序主要分为两大部分,一部分是角接触球轴承拟静力学仿真程序,另一部分是轴承转子系统动力学模型求解程序。首先输入角接触球轴承信息,包含角接触球轴承尺寸参数、材料属性、内圈转速和预紧力值,随后设定计算初值和计算收敛条件,进行数值求解即可得到角接触球轴承动态性能,特别是支承刚度的相关信息;得到角接触球轴承支承刚度后,进入轴承转子系统动力学模型求解过程,同样,首先根据节点划分情况输入转子各轴段尺寸信息、材料属性和刚性圆盘质量和转动惯量,形成单元矩阵,结合之前得到的轴承刚度矩阵,依据有限元法单元矩阵组装原理构成系统矩阵,形成轴承转子系统动力学模型,通过求解系统方程特征值得到固有频率与振型。通过这种方式编写的程序适用于求解各种型号的角接触球轴承动态性能,也可以求解不同结构尺寸的转子,是一种通用的仿真程序,按照规定的要求输入轴承转子系统信息后即可构建相应的动力学模型,结合附加的求解分析程序即可进行轴承转子系统动态性能仿真,有效减少了重复建模,可大大提高分析效率(图 1.3)。

滚动轴承运转过程中产生的辐射噪声主要来源于内部构件之间碰撞与摩擦产生的表面振动[66-67],全陶瓷轴承属于滚动轴承,包含内圈、外圈、滚动体与保持架,目前针对全陶瓷轴承振声特性的研究主要参考传统钢制滚动轴承研究模型。滚动轴承运转过程中,内部元件会相互挤压、碰撞与摩擦,通过建立滚动

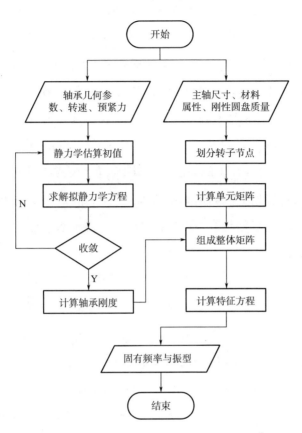

图 1.3　轴承—转子系统动力学模型的求解程序

轴承动力学模型可对其动态特性进行求解。国内外学者通过模拟滚动轴承运转工况,在滚动轴承动力学领域做了大量的工作,主要研究方向为结构参数与工况参量对滚动轴承动态特性的影响,滚动体—套圈间打滑效应与摩擦、润滑、非线性油膜作用力等。其中,主轴系统应用最多的滚动轴承类型为角接触球轴承,针对角接触球轴承的理论研究也最多。在结构参数与工况参数的影响研究中,黄伟迪等[68-69]针对高速电主轴角接触球轴承高转速的特点,建立了角接触球轴承的拟静力学模型,分析了角接触球轴承不同预紧力对电主轴临界转速的影响。Zhang 等[70]建立了角接触球轴承在不同预紧力作用下的刚度比较模型,对滚动轴承内圈在装配应力和离心应力作用下的弹性变形进行了计算,详细地讨论了内环过盈量、转速和径向载荷对滚动轴承特性和刚度的影响。研究表明，预载荷作用会使滚动轴承具有较好的刚度稳定性，转速对滚动轴承的动态特性和刚度有显著影响。Neisi 等[71]基于赫兹接触理论建立了滚动体带尺寸偏差时球轴承的接触模型，对滚动轴承部件之间刚度、阻尼和摩擦进行了研究，发现当滚动体出现偏心时，球与套圈的接触刚度及局部变形随之改变，接触应力值不仅取决于非标准球的尺寸，还取决于它们的位置。Mao 等[72]通过建立准动力学模型研究了滚动轴承与轴承座之间间隙对动态特性的影响，得到了轴承载荷分布、润滑特性、疲劳寿命等随滚动轴承与轴承座之间间隙的变化趋势。Wang 等[73]考虑了球和滚道表面粗糙度对球运动及亚表面应力的影响，建立了角接触球轴承动力学模型。研究考虑了粗糙度对表面摩擦系数及摩擦生热的影响，对球和滚道具有不同粗糙度时角接触球轴承的动态特性进行了计算。研究表明，滚道表面粗糙度对角接触球轴承的运动状态和润滑性能有很大的影响，可以通过优化分析确定适宜的滚道表面粗糙度。

由于陶瓷材料表面摩擦系数小，因此滚动体在运转过程中不仅有公转，还有自转与陀螺运动，这意味着滚动体与套圈之间的接触不是纯滚动，而是滚动—滑动结合。随着润滑效果的提升，打滑效应趋于明显，滚动体与套圈之间的滑动摩擦会大幅度增加滚动轴承的表面振动，并产生剧烈的噪声。在这方面，Han 等[74-75]提出的考虑打滑效应的滚动轴承非线性动力学模型精度较高，能够准确地模拟角接触球轴承动力学响应；Xu 等[76]对不同预紧力作用下轴承打滑效果进行了分析，推导出了打滑临界条件，从而得到了滚动轴承滚滑比随预紧力变化的趋势。Wang 等[77]提出了一种考虑滚珠与滚道、保持架和润滑剂相互作用的角接触球轴承滑动动力学模型，并采用四阶龙格-库塔方法对滚动轴承动力学微分方程进行了求解。结果表明，轴向载荷对滚动体打滑行为有显著影响，可以确定适当的轴向载荷，避免严重的滑动。

其他方面如滚动轴承的润滑、油膜振荡等因素也与其动态特性有直接关系。Xi 等[78]采用离散单元法建立了六自由度滚动轴承动力学模型，综合考虑非线性油膜力、打滑效应等非线性因素对系统在不同外力激励下的动态响应进行了计算。研究指出,随着滚动轴承受力增加,动态响应中主要频域成分增多,动态特性非线性增强。陈小安、刘俊峰等[79-80]以主轴—滚动轴承系统为研究对象,开展了一系列研究,对主轴—滚动轴承系统动刚度与动力学响应进行了准确模拟;Jing 等[81]基于连续介质模型,采用有限元法分析了转子—滚动轴承系统的非线性动力学行为,采用直接积分与模态叠加法对可能导致转子—滚动轴承系统失稳的油膜振荡及其分岔现象进行了研究。研究表明,基于连续介质模型和离散单元法的滚动轴承动力学响应相差很大,需要分别对其进行研究。Zhang 等[82]考虑了非线性油膜力对保持架等内部元件动态特性的影响,建立了角接触球轴承非线性动力学模型,对滚动轴承系统内部元件动力学特性进行了细致研究,为滚动轴承振声特性计算奠定了基础。Zhou 等[83]基于转子—滚动轴承声振耦合理论,建立了基于变分原理的转子—滚动轴承系统非线性振动激励下的声振耦合模型,采用快速傅里叶变换和谐波平衡法,基于非线性激励求得了动态特性的解析解。研究发现,转子—滚动轴承系统的动态特性主要由转子的旋转频率决定,而在共振频率下,有一些谐波成分控制着滚动轴承的动态特性。Liu 等[84]对乏油工况下的流体动力润滑特性进行了研究,指出由于润滑油膜具有一定的黏性与承载能力,润滑油的用量能够较大程度地影响滚动轴承—转子系统的临界转速。

通过对国内外学者关于滚动轴承振动特性计算方法研究现状的总结,可以看出对于钢制滚动轴承而言,其动力学模型搭建已经趋于完善,球与滚道表面粗糙度、滚道半径等结构参数和与轴承转速、预紧力、载荷等工况参数对滚动轴承动态特性的影响已经得到了大量的研究,对于非线性油膜力、滚动体打滑等非线性因素也得到了广泛关注,但其模型多数基于钢制滚动轴承建立,对全陶瓷轴承适用性较差。

1.4　陶瓷轴承转子系统状态监测理论研究进展

目前,陶瓷轴承转子系统的状态监测理论主要基于声信号和振动信号。振动信号可通过动力学建模得到模拟信号,再对比模拟信号与实测信号,而声信号主要基于声辐射理论,通过有限元仿真或公式计算出模拟信号,模拟信号与实测信号相对比,在目前常见的声信号及振动信号状态监测理论中,主要求解方法分为解析法与数值法两类。解析法主要基于高斯函数与亥姆霍兹方程,具有计算简单、变参方便等优点,但计算精度较低,而数值法基于声学有限元、边界元理论,计算精度高,但计算量大,计算效率低,在变参分析时较为不便。在辐射噪声计算工作中,陶瓷轴承转子系统与钢制轴承转子系统的区别仅为材料不同,二者都由振动产生噪声,噪声产生与传递原理相似,因此陶瓷轴承转子系统辐射噪声计算参考钢制轴承转子系统辐射噪声计算方法。

国内外学者对其进行了大量研究。Bouaziz 等[85]研究了轴承弹性变形对轴承声学性能的影响,对流体动力和弹性流体动力润滑进行了分析,得到了流体动力润滑轴颈中心的轨道从扰动位置收敛到静平衡位置的速度快于弹性流体动力润滑这一结论。Guo 等[86]通过实验采集了滚动轴承运转状态下产生的振动与噪声信号,分析了当轴承材料剥落时,振动噪声信号中存在的阶跃与双脉冲响应,并对轴承的剩余寿命进行了分析。周忆等[87]采用专业仿真软件分析了不同摩擦系数及结构参数条件下摩擦噪声产生的概率,进而研究结构参数对摩擦噪声的影响,进行了平板形和圆弧形结构的水润滑橡胶合金轴承摩擦噪声的对比实验。研究结果表明,轴承的摩擦面形状以及摩擦副的摩擦系数对轴承的摩擦噪声有较大影响。Delvecchio 等[88]以内燃机中转子—轴承系统为研究对象,使用振动和声信号结合的状态监测和诊断技术,描述了影响燃烧、力学和空气动力学的各种故障条件。研究发现,与振动信号相比,测量声信号更适合在车载状态监测系统上实施,并能够同时从多个部件上获取信息,该研究分析了振动研究与辐射噪声研究的不同点,从侧面证实了辐射噪声研究的必要性。

另外,部分学者从噪声控制角度对滚动轴承振声特性改善策略进行了研究,对陶瓷轴承噪声控制具有一定借鉴的价值。夏新涛等[89-90]针对滚动轴承的振动与噪声开展了一系列研究工作,提出基于谐波控制原理对滚动轴承噪声进行控制,并在实验中获得了一定效果。张靖等[91]考虑轴承预紧力对轴承刚度的影响,建立了六挡变速器动力学模型,采用有限元仿真结合实验的研究方法,得到了轴承刚度对辐射噪声声压级的影响规律,并指出通过合理控制预紧力可抑制变速器啸叫噪声。

在现阶段对噪声削弱策略的研究中,大多将固定场点处辐射噪声声压级作为目标函数,通过变参分析得到其变化规律,并对影响辐射噪声的结构参数与工况参数进行寻优。熊师等[92]针对船舶推进轴系振动对船体结构产生的辐射噪声问题,采用有限元及边界元方法分析不同轴承刚度下的轴系—船体耦合结构辐射声压及声功率,得出纵向振动时结构辐射噪声声功率与轴承刚度呈明显正相关关系,艉轴后轴承刚度变化对整体辐射噪声影响最大。Lee 等[93]将轴承噪声计算与故障预测及健康管理(prognostics and health management, PHM)领域相结合,以固定场点与声压级为研究目标,分析了轴承噪声计算对于设备运转状态识别的重要性。

然而,由于材料的特殊性,全陶瓷轴承的动态特性与声辐射规律比传统钢制轴承更为复杂,在高速运转工况下,由滚动体球径差、滚动体打滑、轴承套圈接触刚度改变等非线性因素导致的辐射噪声中非线性成分表现更为明显,辐射噪声声压级径向分布与周向分布趋于不规则。在这种情况下,只采用固定场点处声压级作为噪声评价指标显得说服力不足。参考传统研究结论不仅降噪效果较差,还可能由于轴承套圈沟道半径、轴向预紧力等参数调整影响到轴承刚度、运转精度等其他工作性能。因此,如何针对全陶瓷轴承辐射噪声分布特点,对其力学性能与声学性能进行优化,是全陶瓷轴承振声特性改善策略中的关键问题。

综上所述,国内外学者针对滚动轴承辐射噪声计算方法已经展开了大量研究,对全陶瓷轴承声学特性及辐射噪声削弱策略也进行了初步探索,以传统钢制滚动轴承为模型的研究成果可以为全陶瓷轴承的振声特性计算与分析提供参考[94-95]。但传统模型中将滚动轴承作为整体声源进行考虑,对内部构件间相互作用机理揭示不足[96-97],尤其是对于全陶瓷轴承,在运转过程中承载滚动体位置会发生变化,滚动体与轴承套圈之间的摩擦情况也会随之改变,因此其声源位置与声源特性是不固定的,采用整体式声源研究不能揭示辐射噪声产生原因与变化规律。另外,现阶段噪声信号分析手段较为单一,对应的辐射噪声削弱策略目标函数较少,研究手段不能充分识别包含强非线性的全陶瓷轴承辐射噪声信号中的特征信息,对全陶瓷轴承振声特性改善指导意义较差。因此,需要一种能够状态监测陶瓷轴承转子系统故障产生机理的数学模型,通过建模分析获取其内部构件相互作用情况,针对全陶瓷轴承运转工况细化辐射噪声模型,提升计算精度,并在此基础上对其辐射噪声削弱策略进行深入研究。研究目标设为转子系统及其中的陶瓷轴承,主轴系统中轴承类型主要为角接触球轴承。

参考文献

[1]陆春荣,李以农,窦作成,等.齿轮—转子—轴承系统弯扭耦合非线性振动特性研究[J].振动工程学报,2018,31(2):238-244.

[2]ABELE E,ALTINTAS Y,BRECHER C. Machine tool spindle units[J]. CIRP Annals,2010,59(2):781-802.

[3]RITOU M,RABRÉAU C,LE LOCH S,et al. Influence of spindle condition on the dynamic behavior[J]. CIRP Annals,2018,67(1):419-422.

[4]余永健,陈国定,李济顺,等.轴承零件几何误差对圆柱滚子轴承回转误差的影响:第一部分 计算方法[J].机械工程学报,2019,55(1):62-71.

[5]查浩,任尊松,徐宁.高速动车组轴箱轴承振动特性[J].机械工程学报,2018,54(16):144-151.

[6]刘静,吴昊,邵毅敏,等.考虑内圈挡边表面波纹度的圆锥滚子轴承振动特征研究[J].机械工程学报,2018,54(8):26-34.

[7]ENGEL T,LECHLER A,VERL A. Sliding bearing with adjustable friction properties[J]. CIRP Annals,2016,65(1):353-356.

[8]ZHANG J H,FANG B,HONG J,et al. A general model for preload calculation and stiffness a-

nalysis for combined angular contact ball bearings[J]. Journal of Sound and Vibration,2017, 411:435-449.

[9]WANG L,SNIDLE R W,GU L. Rolling contact silicon nitride bearing technology:A review of recent research[J]. Wear,2000,246(1/2):159-173.

[10]LEE J,KIM D H,LEE C M. A study on the thermal characteristics and experiments of High-Speed spindle for machine tools[J]. International Journal of Precision Engineering and Manufacturing,2015,16(2):293-299.

[11]李颂华. 高速陶瓷电主轴的设计与制造关键技术研究[D]. 大连:大连理工大学, 2012:158.

[12]王黎钦,贾虹霞,郑德志,等. 高可靠性陶瓷轴承技术研究进展[J]. 航空发动机,2013, 39(2):6-13.

[13]文怀兴,孙建建,陈威. 氮化硅陶瓷轴承润滑技术的研究现状与发展趋势[J]. 材料导报,2015,29(17):6-14.

[14]常斌全,剡昌锋,苑浩,等. 多事件激励的滚动轴承动力学建模[J]. 振动与冲击,2018, 37(17):16-24.

[15]陈金海,李伟,张文远,等. 智能滚动轴承监测方法与技术研究现状综述[J]. 机械强度, 2021,43(3):509-516.

[16]涂文兵,罗丫,王朝兵,等. 基于显式动力学的深沟球轴承弹性接触动态应力研究[J]. 机械强度,2016,38(6):1243-1247.

[17]ZHANG F B,HUANG J F,CHU F L,et al. Mechanism and method for outer raceway defect localization of ball bearings[J]. IEEE Access,2020,8:4351-4360.

[18]SHI H T,LI YY,BAI X T,et al. Investigation of the orbit-spinning behaviors of the outer ring in a full ceramic ball bearing-steel pedestal system in wide temperature ranges[J]. Mechanical Systems and Signal Processing,2021,149:107317.

[19]WANG Y,HAN F,LUBINEAU G. A hybrid local/nonlocal continuum mechanics modeling and simulation of fracture in brittle materials[J]. Computer Modeling in Engineering & Sciences,2019:399-423.

[20]BAI X T,AN D,ZHANG K. On the circumferential distribution of ceramic bearing sound radiation[J]. Journal of the Brazilian Society of Mechanical Sciences and Engineering,2020,42

（2）:84.

［21］FU W,SHAO K,TAN J,et al. Fault diagnosis for rolling bearings based on composite multi-scale fine-sorted dispersion entropy and SVM with hybrid mutation SCA-HHO algorithm optimization［J］. IEEE Access,2020,8:13086-13104.

［22］XI S,CAO H,CHEN X,et al. Dynamic modeling of machine tool spindle bearing system and model based diagnosis of bearing fault caused by collision［J］. Procedia CIRP,2018,77:614-617.

［23］QIN B,SUN G D,ZHANG L Y,et al. Fault features extraction and identification based rolling bearing fault diagnosis［J］. Journal of Physics:Conference Series. IOP Publishing,2017,842（1）:012055.

［24］NAYANA B R,GEETHANJALI P. Analysis of statistical time-domain features effectiveness in identification of bearing faults from vibration signal［J］. IEEE Sensors Journal,2017,17(17):5618-5625.

［25］LI G,TANG G,LUO G,et al. Underdetermined blind separation of bearing faults in hyperplane space with variational mode decomposition［J］. Mechanical Systems and Signal Processing,2019,120:83-97.

［26］LIU Y,ZHAO Y L,LI J T,et al. Research on fault feature extraction method based on NO-FRFs and its application in rotor faults［J］. Shock and Vibration,2019,2019:1-11.

［27］YU K,LIN T R,MA H,et al. A multi-stage semi-supervised learning approach for intelligent fault diagnosis of rolling bearing using data augmentation and metric learning［J］. Mechanical Systems and Signal Processing,2021,146:107043.

［28］LIU Y,ZHAO Y L,LI J T,et al. Feature extraction method based on NOFRFs and its application in faulty rotor system with slight misalignment［J］. Nonlinear Dynamics,2020,99（2）:1763-1777.

［29］KARASZEWSKI W. Hertzian crack propagation in ceramic rolling elements［J］. Key Engineering Materials,2014,598:92-98.

［30］ZHOU Q,ZHU Z M,WANG X,et al. The effect of a pre-existing crack on a running crack in brittle material under dynamic loads［J］. Fatigue & Fracture of Engineering Materials & Structures,2019,42(11):2544-2557.

［31］OLIVI-TRAN N,DESPETIS F,FAIVRE A. Modeling of deep indentation in brittle materials ［J］. Materials Research Express,2020,7(3):035201.

［32］NAKAMURA N, KAWABATA T, TAKASHIMA Y, et al. Effect of the stress field on crack branching in brittle material ［J］. Theoretical and Applied Fracture Mechanics, 2020, 108:102583.

［33］CHEN Z Y,JU J W,SU G S,et al. Influence of micro-modulus functions onperidynamics simulation of crack propagation and branching in brittle materials［J］. Engineering Fracture Mechanics,2019,216:106498.

［34］LU XX,LI C,TIE Y,et al. Crack propagation simulation in brittle elastic materials by a phase field method［J］. Theoretical and Applied Mechanics Letters,2019,9(6):339-352.

［35］LIU Z M,BAI X T,SHI H T,et al. A recognition method for crack position on the outer ring of full ceramic bearing based on the synchronous root mean square difference［J］. Journal of Sound and Vibration,2021,515:116493.

［36］PETERSEN D,HOWARD C,SAWALHI N,et al. Analysis of bearing stiffness variations,contact forces and vibrations in radially loaded double row rolling element bearings with raceway defects［J］. Mechanical Systems and Signal Processing,2015,50/51:139-160.

［37］QIN Y,CAO F L,WANG Y,et al. Dynamics modelling for deep groove ball bearings with local faults based on coupled and segmented displacement excitation［J］. Journal of Sound and Vibration,2019,447:1-19.

［38］MOSHREFZADEH A,FASANA A. Planetary gearbox withlocalised bearings and gears faults: Simulation and time/frequency analysis［J］. Meccanica,2017,52(15):3759-3779.

［39］CUI LL,HUANG J F,ZHANG F B. Quantitative and localization diagnosis of a defective ball bearing based on vertical - horizontal synchronization signal analysis［J］. IEEE Transactions on Industrial Electronics,2017,64(11):8695-8706.

［40］CUI LL,HUANG J F,ZHANG F B,et al. HVSRMS localization formula and localization law: Localization diagnosis of a ball bearing outer ring fault［J］. Mechanical Systems and Signal Processing,2019,120:608-629.

［41］ZHANG Y,ZUO H F,BAI F. Classification of fault location and performance degradation of a roller bearing［J］. Measurement,2013,46(3):1178-1189.

［42］WANG J L,CUI LL,XU Y G. Quantitative and localization fault diagnosis method of rolling bearing based on quantitative mapping model［J］. Entropy,2018,20(7):510.

［43］SHI H T,BAI X T,ZHANG K,et al. Effect of thermal-related fit clearance between outer ring and pedestal on the vibration of full ceramic ball bearing［J］. Shock and Vibration,2019,2019:1-15.

［44］SHI H T,BAI X T. Model-based uneven loading condition monitoring of full ceramic ball bearings in starved lubrication［J］. Mechanical Systems and Signal Processing,2020,139:106583.

［45］VISNADI L B,DE CASTRO H F. Influence of bearing clearance and oil temperature uncertainties on the stability threshold of cylindrical journal bearings［J］. Mechanism and Machine Theory,2019,134:57-73.

［46］CHEN G,QU M J. Modeling and analysis of fit clearance between rolling bearing outer ring and housing［J］. Journal of Sound and Vibration,2019,438:419-440.

［47］CAO H R,SHI F,LI Y M,et al. Vibration and stability analysis of rotor-bearing-pedestal system due to clearance fit［J］. Mechanical Systems and Signal Processing,2019,133:106275.

［48］MAO Y Z,WANG L Q,ZHANG C. Influence of ring deformation on the dynamic characteristics of a roller bearing in clearance fit with housing［J］. International Journal of Mechanical Sciences,2018,138/139:122-130.

［49］SHI H T,LI YY,BAI X T,et al. Investigation of the orbit-spinning behaviors of the outer ring in a full ceramic ball bearing-steel pedestal system in wide temperature ranges［J］. Mechanical Systems and Signal Processing,2021,149:107317.

［50］SHI H T,BAI X T,ZHANG K,et al. Influence of uneven loading condition on the sound radiation of starved lubricated full ceramic ball bearings［J］. Journal of Sound and Vibration,2019,461:114910.

［51］ENGEL T,LECHLER A,VERL A. Sliding bearing with adjustable friction properties［J］. CIRP Annals,2016,65(1):353-356.

［52］WANG L,SNIDLE R W,GU L. Rolling contact silicon nitride bearing technology:A review of recent research［J］. Wear,2000,246(1/2):159-173.

［53］骆舟. 综合接触效应的盘式拉杆转子轴向振动与扭转振动动力学特性研究［D］. 长沙:

中南大学,2008:77.

[54]闻邦椿. 高等转子动力学:理论、技术与应用[M].北京:机械工业出版社,2000.

[55]徐斌,高跃飞,余龙. MATLAB 有限元结构动力学分析与工程应用[M].北京:清华大学出版社,2009.

[56]CAO Y Z,ALTINTAS Y. Modeling of spindle-bearing and machine tool systems for virtual simulation of milling operations[J]. International Journal of Machine Tools and Manufacture,2007,47(9):1342-1350.

[57]CAO Y Z,ALTINTAS Y. A general method for the modeling of spindle-bearing systems[J]. Journal of Mechanical Design,2004,126(6):1089-1104.

[58]GAO F,CHENG M K,LI Y. Analysis of coupled vibration characteristics of PMS grinding motorized spindle[J]. Journal of Mechanical Science and Technology,2020,34(9):3497-3515.

[59]TONG V C,HONG S W. Vibration analysis of flexible rotor with angular contact ball bearings using a general bearing stiffness model[J]. Journal of the Korean Society for Precision Engineering,2018,35(12):1179-1189.

[60]XI S T,CAO H R,CHEN X F,et al. Dynamic modeling of machine tool spindle bearing system and model based diagnosis of bearing fault caused by collision[J]. Procedia CIRP,2018,77:614-617.

[61]CAO H R,LI B J,LI Y M,et al. Model-based error motion prediction and fit clearance optimization for machine tool spindles[J]. Mechanical Systems and Signal Processing,2019,133:106252.

[62]LIU G H,HONG J,WU WW,et al. Investigation on the influence of interference fit on the static and dynamic characteristics of spindle system[J]. The International Journal of Advanced Manufacturing Technology,2018,99(5):1953-1966.

[63]YANG Z H,CHEN H,YU T X. Effects of rolling bearing configuration on stiffness of machine tool spindle[J]. Proceedings of the Institution of Mechanical Engineers,Part C:Journal of Mechanical Engineering Science,2018,232(5):775-785.

[64]FENG W,LIU B G,YAO B,et al. An integrated prediction model for the dynamics of machine tool spindles[J]. Machining Science and Technology,2018,22(6):968-988.

[65]LIN S,JIANG S. Dynamic characteristics of motorized spindle with tandem duplex angular

contact ball bearings[J]. Journal of Vibration and Acoustics,2019,141(6):061004.

[66]BOURDON A,CHESNÉ S,ANDRÉ H,et al. Reconstruction of angular speed variations in the angular domain to diagnose and quantify taper roller bearing outer race fault[J]. Mechanical Systems and Signal Processing,2019,120:1-15.

[67]冯吉路,孙志礼,李皓川,等. 基于Kriging模型的轴承结构参数优化设计方法[J]. 航空动力学报,2017,32(3):723-729.

[68]黄伟迪,甘春标,杨世锡,等. 高速电主轴角接触球轴承刚度及其对电主轴临界转速的影响分析[J]. 振动与冲击,2017,36(10):19-25.

[69]黄伟迪. 高速电主轴动力学建模及振动特性研究[D]. 杭州:浙江大学,2018.

[70]ZHANG J H,FANG B,ZHU Y S,et al. A comparative study and stiffness analysis of angular contact ball bearings under different preload mechanisms[J]. Mechanism and Machine Theory,2017,115:1-17.

[71]NEISI N,SIKANEN E,HEIKKINEN J E,et al. Effect of off-sized balls on contact stresses in a touchdown bearing[J]. Tribology International,2018,120:340-349.

[72]MAO Y Z,WANG L Q,ZHANG C. Influence of ring deformation on the dynamic characteristics of a roller bearing in clearance fit with housing[J]. International Journal of Mechanical Sciences,2018,138/139:122-130.

[73]WANG Y L,WANG W Z,ZHANG S G,et al. Effects of raceway surface roughness in an angular contact ball bearing[J]. Mechanism and Machine Theory,2018,121:198-212.

[74]HAN Q K,CHU F L. Nonlinear dynamic model for skidding behavior of angular contact ball bearings[J]. Journal of Sound and Vibration,2015,354:219-235.

[75]HAN Q K,LI X L,CHU F L. Skidding behavior of cylindrical roller bearings under time-variable load conditions[J]. International Journal of Mechanical Sciences,2018,135:203-214.

[76]XU T,XU G H,ZHANG Q,et al. A preload analytical method for ball bearingsutilising bearing skidding criterion[J]. Tribology International,2013,67:44-50.

[77]WANG Y L,WANG W Z,ZHANG S G,et al. Investigation of skidding in angular contact ball bearings under high speed[J]. Tribology International,2015,92:404-417.

[78]XI S T,CAO H R,CHEN X F. Dynamic modeling of spindle bearing system and vibration response investigation[J]. Mechanical Systems and Signal Processing,2019,114:486-511.

[79]陈小安,刘俊峰,陈宏,等.计及套圈变形的电主轴角接触球轴承动刚度分析[J].振动与冲击,2013,32(2):81-85.

[80]刘俊峰,陈小安.基于耦合模型的高速电主轴动态分析与优化[J].机械工程学报,2014,50(11):93-100.

[81]JING J P,MENG G,SUN Y,et al. On the non-linear dynamic behavior of a rotor-bearing system[J]. Journal of Sound and Vibration,2004,274(3/4/5):1031-1044.

[82]ZHANG W H,DENG S E,CHEN G D,et al. Impact of lubricant traction coefficient on cage's dynamic characteristics in high-speed angular contact ball bearing[J]. Chinese Journal of Aeronautics,2017,30(2):827-835.

[83]ZHOU Q Z,WANG D S. Vibro-acoustic coupling dynamics of a finite cylindrical shell under a rotor-bearing-foundation system's nonlinear vibration excitation[J]. Journal of Sound and Vibration,2015,347:150-168.

[84]LIU C L,GUO F,WONG P L. Characterisation of starved hydrodynamic lubricating films[J]. Tribology International,2019,131:694-701.

[85]BOUAZIZ S,FAKHFAKH T,HADDAR M. Acoustic analysis of hydrodynamic andelasto-hydrodynamic oil lubricated journal bearings[J]. Journal of Hydrodynamics, Ser B, 2012, 24(2):250-256.

[86]GUO Y,SUN S B,WU X,et al. Experimental investigation on double-impulse phenomenon of hybrid ceramic ball bearing with outer race spall[J]. Mechanical Systems and Signal Processing,2018,113:189-198.

[87]周忆,廖静,李剑波,等.结构参数对水润滑橡胶合金轴承摩擦噪声的影响分析[J].重庆大学学报,2015,38(3):15-20.

[88]DELVECCHIO S,BONFIGLIO P,POMPOLI F. Vibro-acoustic condition monitoring of Internal Combustion Engines:A critical review of existing techniques[J]. Mechanical Systems and Signal Processing,2018,99:661-683.

[89]夏新涛,颉谭成,邓四二,等.滚动轴承噪声的谐波控制原理[J].声学学报,2003,(3):255-261.

[90]夏新涛,王中宇,孙立明,等.滚动轴承振动与噪声关系的灰色研究[J].航空动力学报,2004,19(3):424-428.

［91］张靖,陈兵奎,吴长鸿,等.圆锥滚子轴承预紧力对变速器啸叫噪声的影响分析［J］.中国机械工程,2013,24(11):1453-1458.

［92］熊师,周瑞平.轴承刚度对船体辐射噪声的影响［J］.船海工程,2017,46(6):86-89,93.

［93］LEE J,WU F J,ZHAO W Y,et al. Prognostics and health management design for rotary machinery systems—Reviews,methodology and applications［J］. Mechanical Systems and Signal Processing,2014,42(1/2):314-334.

［94］MOHANTY S,GUPTA KK,RAJU K S. Hurst based vibro-acoustic feature extraction of bearing using EMD and VMD［J］. Measurement,2018,117:200-220.

［95］HEMMATI F,ORFALI W,GADALA M S. Roller bearing acoustic signature extraction by wavelet packet transform,applications in fault detection and size estimation［J］. Applied Acoustics,2016,104:101-118.

［96］常斌全,剡昌锋,苑浩,等.多事件激励的滚动轴承动力学建模［J］.振动与冲击,2018,37(17):16-24.

［97］刘静,邵毅敏,秦晓猛,等.基于非理想 Hertz 线接触特性的圆柱滚子轴承局部故障动力学建模［J］.机械工程学报,2014,50(1):91-97.

第 2 章　全陶瓷轴承转子系统状态监测理论

2.1　振动信号状态监测理论

轴承作为轴承转子系统中的支撑部件,随主轴工作转速的升高,轴承滚珠和滚道之间由于接触发生变形,这会影响轴承的整体性能,从而影响转子系统的动态性能,因此,也可通过结合转子和轴承的刚度矩阵,得到系统的刚度矩阵,从而研究转子系统的力学性能。计算方法主要可分为集中参数法、准静态法、准动态法、动力学模型法与有限元法,其中集中参数法、准静态法、准动态法与动力学模型法为分析计算方法,而有限元法属于数值计算方法。相比而言,分析法的优势在于计算效率高,利于变参分析,而数值法的优势在于计算精度高,云图效果直观[1-2]。

2.1.1　集中参数法

集中参数法的建模思想是将轴承各构件设为质量集中、无变形的元件,且只考虑轴承各构件的平移运动。集中参数法各构件接触模型如图 2.1 所示,图中保持架未画出。

图中,$\{O; X, Y\}$ 为以外圈中心为原点建立的参考坐标系,m_i 为内圈质量,m_b 为滚动体质量,m_h 为轴承座质量,k_{ir} 为滚动体与内圈接触刚度,k_{or} 为滚动体与外圈接触刚度,k_{ox}、k_{oy} 为外圈沿 x、y 方向刚度,k_{hx}、k_{hy} 为轴承座沿 x、y 方向刚度,c_{ir}、c_{or}、c_{ox}、c_{oy}、c_{hx}、c_{hy} 分别为对应阻尼。集中参数法建模的主要理论基础为牛顿第二定律与拉格朗日方程,可表示为:

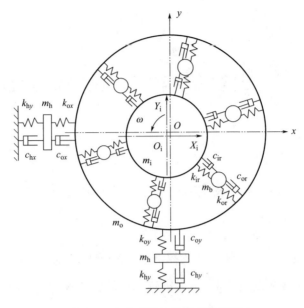

图 2.1　集中参数法轴承接触模型

$$\frac{\mathrm{d}}{\mathrm{d}t}\left(\frac{\partial T}{\partial \dot{q}_i}\right) - \frac{\partial T}{\partial q_i} + \frac{\partial U}{\partial q_i} + \frac{\partial D}{\partial \dot{q}_i} = Q_i \tag{2.1}$$

式中，T 为系统动能，U 为系统势能，t 为时间，q_i 为广义坐标，$\dot{q}_i$ 为广义坐标系下速度，D 为系统能量散逸函数，Q_i 为广义外力，分别可表示为：

$$D = \frac{1}{2}\sum_{j=1}^{N_j}(c_{xj}\dot{x}_j^2 + c_{yj}\dot{y}_j^2 + c_{zj}\dot{z}_j^2) \tag{2.2}$$

$$Q_i = \int_s\left(F_x\frac{\partial x}{\partial q_i} + F_y\frac{\partial y}{\partial q_i} + F_z\frac{\partial z}{\partial q_i}\right)\mathrm{d}s \tag{2.3}$$

式中，N_j 为建立方程的质点个数，c_{xj}、c_{yj}、c_{zj} 分别为质点 j 在 x、y、z 方向的阻尼，$\dot{x}_j$、$\dot{y}_j$、$\dot{z}_j$ 分别为质点 j 沿 x、y、z 方向的速度，s 为外力作用表面，F_x、F_y、F_z 分别为外力沿 x、y、z 方向的分量。集中参数法建模一般根据是否考虑滚动体独立运动而分为两类，第一类模型中，依据拉格朗日方程对每个滚动体运行状态进行求解，可以得到轴承表面缺陷，表面波纹度对轴承动态特性的影响情况[3-4]。第二类模型中，轴承套圈受力为所有滚动体与套圈接触力之和。时变的转子—轴承接触力便于对系统分岔、谐波共振、保持架涡动、混沌、碰摩等非线性动力学行为进行研究[5-7]。

2.1.2　准静态法

准静态法是通过对各滚动体与轴承套圈列出力与力矩平衡方程,来实现各构件动态特性的求解。力与力矩平衡方程可表示为:

$$\sum F_x = \sum F_y = 0 \qquad (2.4)$$

$$\sum M = 0 \qquad (2.5)$$

式中,F_x、F_y 为受力沿与轴线垂直的平面内两坐标轴的分量,M 为转矩,轴承在与轴线垂直的平面内受力与转矩及构件位移有关,并可使用迭代法进行求解。由于在高转速下,滚动体转动对轴承套圈的影响不可忽略,因此采用集中参数法计算结果不准确,采用准静态法能够很好地解决这一问题。准静态法对滚动体的研究主要基于 1960 年 Jones 等[8]建立的模型,如图 2.2 所示。

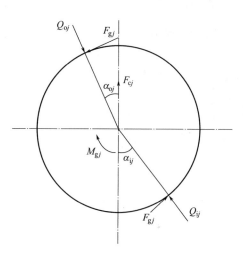

图 2.2　拟静力学滚动体受力模型

图 2.2 中,Q_{ij}、Q_{oj} 分别表示内圈与外圈施加给滚动体 j 的压力,α_{ij}、α_{oj} 为滚动体与内、外圈的接触角,F_{cj} 为滚动体所受离心力,M_{gj} 为滚动体自转转矩,F_{gj} 为摩擦力,根据滚动体受力与力矩平衡方程,有:

$$Q_{oj}\sin\alpha_{oj} - Q_{ij}\sin\alpha_{ij} + F_{gj}(\lambda_{ij}\cos\alpha_{ij} - \lambda_{oj}\cos\alpha_{oj}) = 0 \qquad (2.6)$$

$$Q_{ij}\cos\alpha_{ij} - Q_{oj}\cos\alpha_{oj} + F_{gj}(\lambda_{ij}\sin\alpha_{ij} - \lambda_{oj}\cos\alpha_{oj}) = 0 \qquad (2.7)$$

$$F_{gj} \cdot D = M_{gj} \qquad (2.8)$$

式中,λ_{ij}、λ_{oj} 分别为内圈与外圈控制参数。可以看出,拟静力学模型考虑了轴承自转时产生的摩擦力与摩擦力矩对轴承受力的影响,并将其列入受力平衡方程中,使模型能够适用于高速工况。在准静态法模型中,通常采用滚道控制假设,即假设滚动体在滚道上运行方式为纯滚动,而没有滑动,这样滚动产生的摩擦力就可以用力矩平衡方程来求得。由于轴承刚度的表达式可以明确获得,准静态模型已被广泛应用于研究滚动轴承的机械性能[9-11]。通过结合转子和轴承的刚度矩阵,即可得到系统的整体刚度,并获取转子—轴承系统的机械性能[12]。目前,拟静力学的主要研究方向为滚道控制理论的改进[13-14]。除球轴承外,圆柱滚子轴承与圆锥滚子轴承的拟静力学模型也已经被开发出来[15]。研究表明,拟静力学法可以满足高速工况下的滚动轴承振动计算需求,是轴承动态特性求解中的重要方法。

2.1.3　准动态法

从物理模型来看,准动态法与准静态法区别不大,这两种方法的差别在于计算思路。准静态法的计算思路为解方程求静态解,而准动态法的思路为迭代法,通过下列公式求解:

$$\begin{cases} \sum F = 0 \\ \sum M = J \cdot \dfrac{\mathrm{d}\omega}{\mathrm{d}t} \end{cases} \qquad (2.9)$$

式中,$\sum F$ 与 $\sum M$ 分别为相应构件所受的合力与合力矩,J 为转动惯量,ω 为角速度。准动态法的特点主要体现在需要确定求解时间历程,将时间历程离散为多个时刻点,然后根据 t 时刻点运动状态求解 $t+1$ 时刻点运动状态,最后将不同时刻的离散点采用圆滑曲线连接,详细求解步骤如图 2.3 所示。

与准静态法相比,准动态法能够处理当转动

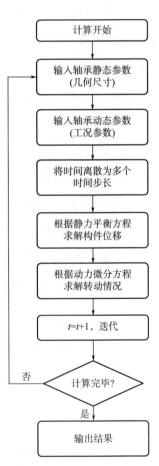

图 2.3　准动态法求解流程

与受力呈现时变特性时元件的动态性能求解问题。因此,准动态法被广泛用于计算保持架涡动、滚动体打滑、保持架冲击等非线性动态特性问题[16-19]。在求解过程中,静平衡方程作为滚动体的运动约束,并假定作用于滚动体的动荷载小于静态受力。由于准动态法求解过程中需要大量迭代工作,因此与集中参数法及准静态法相比求解时间较长,求解效率较低。在求解过程中,为简化计算过程,常常将方程中非线性因素进行线性化处理。对于球轴承而言,滚动体在实际旋转过程中所做的运动为滚动、滑动与陀螺运动结合,因此确定合适的滚滑比与滚动体—套圈摩擦系数对求解过程至关重要。在这点上,由于准动态法可以考虑滚动体的时变打滑效应,因此求解高速工况下滚动体动态特性精度较高[20]。

2.1.4　动力学模型法

动力学模型法的实质是对受力与转矩时变情况进行更全面的考虑,属于准动态法的延伸。在动力学模型中,不考虑静态约束,所有的平动与转动均使用动力学方程来描述,即:

$$\begin{cases} \sum F = m \cdot \dfrac{\mathrm{d}^2 x}{\mathrm{d}t^2} \\ \sum M = J \cdot \dfrac{\mathrm{d}\omega}{\mathrm{d}t} \end{cases} \qquad (2.10)$$

式中, $\sum F$ 与 $\sum M$ 为合力与合力矩, m 为质量, J 为转动惯量, x 为平动位移, ω 为轴承转速。最早的具有代表性的滚动轴承动力学模型由 Gupta[21-22] 于 1979 年提出,在模型中,主要研究了滚动体与内圈外滚道、外圈内滚道以及保持架的相互作用。为不失一般性,对于每个处于接触对中的元件都列出了六自由度动力学微分方程。以动力学模型为基础,可以对轴承局部出现缺陷时相应响应进行研究,并可以对保持架发生涡动时产生的振动与热进行分析。

由于保持架采用的材料为轴承中密度最小、刚度最小的,因此保持架是滚动轴承运转过程中最容易出问题的元件之一[23-24]。现阶段对于保持架不平衡、磨损、涡动、跳动等非线性因素的影响情况的分析大多基于动力学模型进行。在动力学模型中,保持架作为刚体存在,在接触区域施加弹性变形,然而在这种假设下,保持架的冲击计算结果可能会偏大,因此在计算保持架运动时一般使用有限元法或离散元法进行修正[25-27]。此外,在集中参数法、准静态法、准动态法计算过程中,轴承构件接触产生的弹性变形一般通过赫兹接触理论进行求解,而对于非赫兹接触情况,如辊的倾斜情况,一般使用离散元与椭圆积分法对动力学模型进行修正[28-31]。对于油膜振荡、乏油与裕油状态下滚动体与套圈之间非均匀接触情况,也一般采用动力学模型进行求解[32-34]。

2.1.5　有限元法

有限元法是一种以迭代为主要思想,采用数值法对振动进行求解的方法,目前主要用来研究健康与带有局部故障的轴承动态特性和剩余寿命。由于有限元法比较适宜求解连续体无限自由度问题,因此在求解如保持架柔度、轴承座时变刚度、轴承接触寿命、残余应力、非赫兹接触、微动磨损、温度分布等问题时得到了大量应用[35-36]。有限元法可采用 HyperMesh、ICEM、Abaqus 等软件进行网格划分,再进入 LS-DYNA、Ansys、Comsol、Patran 等结构有限元软件进行受力分析与响应计算。由于有限元法无法准确模拟复杂的润滑表面边界条件与黏弹性效应,因此在计算过程中只能通过改变表面摩擦系数来对润滑条件发生变化时接触对之间的作用力改变进行近似。有限元法的优点在于计算准确,但其计算量较大,尤其是对于高速运转或者尺寸较大的轴承,计算效率较低,因此有限元法常用于低速、重载、尺寸不大、精度要求高的计算场合,且常与其他方法相结合,即只在重点研究区域附近采用有限元法,对于其他要求不高的位置采用计算速度较快的方法,从而提高计算效率[37-38]。

2.2　声信号状态监测理论

2.2.1　自由场声辐射理论

现阶段针对轴承转子系统运转状态下辐射噪声的研究,可分为理论研究与实验研究两类。理论研究中,对于振动导致的辐射噪声计算大多将轴承视为一个整体声源,通过有限元—边界元理论对辐射噪声进行推导,得到固定场点处声压级[39-42],这种方法忽略了内部各元件产生辐射噪声传递路径的差异性,精度较低,而实验方法中对特定工况下轴承辐射噪声声压级的采集获得信息较少,对轴承噪声削弱策略指导意义较差,因此并不适用于陶瓷轴承转子系统辐射噪声预测与削弱研究。基于此,本研究引入子声源分解理论,将全陶瓷轴承离散为内圈、滚动体、保持架等子声源,并根据前文计算得到的各子声源动态特性得到其声源辐射特性,进而得到轴承总辐射噪声计算结果,同时考虑轴承安装位置及轴承个数对转子系统噪声的影响。

当轴承处于运转状态时,其内部各构件之间产生的摩擦、撞击等效应会产生表面振动,进而辐射摩擦噪声与撞击噪声。当外圈设为固定元件时,辐射噪声可以视为由内圈、滚动体与保持架辐射而来,这三部分构件可视为三个子声源,而轴承辐射噪声可视为这三部分子声源辐射噪声的叠加结果。假设声波传递过程中介质为均匀的、各向同性的,则在对辐射噪声进行计算时可应用亥姆霍兹方程[43-44],可表示为:

$$(\nabla^2 + k^2)p(x) = 0 \tag{2.11}$$

式中,∇^2 为二阶拉普拉斯算子,$p(x)$ 为声压,k 为声波波数,可表示为:

$$k = \frac{\omega_0}{c_0} \tag{2.12}$$

式中,ω_0 为声波圆频率,c_0 为声速。噪声由固体振动产生,并由流体介质——空气传播,因此在流体与固体边界上应满足:

$$\frac{\partial p}{\partial \boldsymbol{n}} = \mathrm{i}\omega d v_{\mathrm{n}} \qquad (2.13)$$

式中,$\boldsymbol{n}$ 为结构表面的外法线单位矢量,d 为流体介质密度,v_{n} 为结构表面的外法线振速。

为准确模拟声源辐射情况,根据声学有限元理论,将声源表面离散成多个配置点,每个配置点间隔一定距离,选定空间中某一固定点为场点,声波辐射满足索末菲(Sommerfeld)辐射规律,可表示为[45-46]:

$$\lim_{r \to \infty} r\left(\frac{\partial p}{\partial r} - \mathrm{j}kp\right) = 0 \qquad (2.14)$$

式中,$\mathrm{j} = \sqrt{-1}$ 为虚数算子,$r = |x-y|$ 为配置点距离场点的距离,x 为任意场点位置,y 为配置点位置,则式(2.11)的基本解自由场格林函数为:

$$G(x,y) = \frac{\mathrm{e}^{-ikr}}{4\pi r} \qquad (2.15)$$

2.2.2 子声源分解理论

子声源分解理论的核心思想是将一个向外辐射噪声的整体声源拆解成多个元件,并将各小元件作为子声源进行计算,对各子声源辐射噪声结果进行叠加计算。本节中,将轴承分解为内圈、滚动体与保持架三个子声源,并对子声源辐射噪声分别进行计算。根据格林函数,可以求得式(2.10)对应的亥姆霍兹积分方程式,对于空间内任意配置点 x,有[47-48]:

$$\int\left[p(y) \cdot \frac{\partial G(x,y)}{\partial n_y} - G(x,y) \cdot \frac{\partial p(y)}{\partial n_y}\right]\mathrm{d}S_{\mathrm{s}} = C(x)p(x) \qquad (2.16)$$

式中,S_{s} 为子声源表面,这里 s 可取 $s = \mathrm{i}, \mathrm{c}, \mathrm{b}_j, \mathrm{b}_k$。$S_{\mathrm{i}}$、$S_{\mathrm{c}}$、$S_{\mathrm{b}j}$、$S_{\mathrm{b}k}$ 分别表示内圈、保持架、承载滚动体 j 与非承载滚动体 k 的子声源表面。$C(x)$ 为与 x 位置相关的系数,当 x 位于 S_{s} 包络的空间内部时,取 $C(x) = 0$;当 x 位于 S_{s} 上时,取 $C(x) = 1/2$;当 x 位于 S_{s} 包络的空间外部时,取 $C(x) = 1$。采用积分算子对亥姆霍兹积分方程进行表达,可得:

$$\left[\boldsymbol{M}_k - \frac{1}{2}\boldsymbol{I}\right] \cdot \boldsymbol{p}_s(y) = \boldsymbol{I}_k \cdot \frac{\partial p}{\partial n} \tag{2.17}$$

式中,$\boldsymbol{p}_s(y)$ 为由振源 s 产生的位于 y 点的表面声压,积分算子 $\boldsymbol{M}_k$ 与 $\boldsymbol{L}_k$ 可定义为:

$$\begin{cases} \boldsymbol{M}_k = \displaystyle\int \frac{\partial \boldsymbol{G}}{\partial \boldsymbol{n}_s} \mathrm{d}S_s \\[3mm] \boldsymbol{L}_k = \displaystyle\int \boldsymbol{G}\mathrm{d}S_s \end{cases} \tag{2.18}$$

式中,$\boldsymbol{n}_s$ 为 S_s 平面外法线方向单位向量,采用离散的思想,将辐射噪声源结构体表面离散为多个小单元,并依次以每个节点为源点,对式(2.16)在结构表面进行离散,根据边界元理论,子声源表面 S_s 可以拆分为许多面单元,单元的节点可以视为微声源点分布位置,则式(2.16)可用离散思想表示为:

$$\boldsymbol{A} \cdot \boldsymbol{p}_s = \boldsymbol{B} \cdot \boldsymbol{v}_{\mathrm{ns}} \tag{2.19}$$

式中,$\boldsymbol{A}$ 与 $\boldsymbol{B}$ 为与声源表面条件与波数相关的影响系数矩阵,并受激励频率 ω 影响,$\boldsymbol{v}_{\mathrm{ns}}$ 为 S_s 面上的法向振速,可通过式(2.13)推导得出。$\boldsymbol{p}_s$ 为子声源 s 表面的声压向量,法向振速向量 $\boldsymbol{v}_{\mathrm{ni}}$、$\boldsymbol{v}_{\mathrm{nc}}$、$\boldsymbol{v}_{\mathrm{nbj}}$、$\boldsymbol{v}_{\mathrm{nbk}}$ 可通过动力学方程式求得,各子声源至场点 x 的声辐射如图 2.4 所示。

图 2.4 中,在场点 x 处,分别有来自内圈、保持架、滚动体的声辐射 $\boldsymbol{p}_i(x)$、$\boldsymbol{p}_c(x)$、$\boldsymbol{p}_{bj}(x)$、$\boldsymbol{p}_{bk}(x)$。矩阵 $\boldsymbol{A}$ 与 $\boldsymbol{B}$ 中元素可通过式(2.16)求得,从而获取构件表面节点声压向量。在 p 与 v_n 已知的条件下,声场中任意场点 y 处声压可表示为:

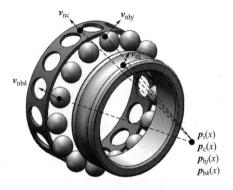

图 2.4　各子声源声辐射示意图

$$\boldsymbol{p}_s(y) = \{\boldsymbol{a}_s\}^{\mathrm{T}}\{\boldsymbol{p}_s\} + \{\boldsymbol{b}_s\}^{\mathrm{T}}\{\boldsymbol{v}_{\mathrm{ns}}\} \tag{2.20}$$

式中,$\boldsymbol{p}_s$ 为由声源 s 辐射至场点 y 处的声压。根据声场叠加原理,可得声源外自由空间内固定场点处全陶瓷轴承辐射噪声结果为[49-51]:

$$p(x) = \sum p(x) = a_i^T \cdot p_i + b_i^T \cdot v_{ni} + a_c^T \cdot p_c + b_c^T \cdot v_{nc} +$$

$$\sum_{j=1}^{M} (a_{bj}^T p_{bj} + b_{bj}^T v_{nbj}) + \sum_{k=1}^{N-M} (a_{bk}^T p_{bk} + b_{bk}^T v_{nbk}) \tag{2.21}$$

式中，a_s 与 b_s 为与声源、振源表面状况与场点位置相关的插值影响系数矩阵，可通过式(2.19)求得。x 点声压级与声压的关系为：

$$S(x) = 20 \cdot \lg \frac{p(x)}{p_{ref}} \tag{2.22}$$

式中，$p_{ref} = 2 \times 10^{-5} Pa$ 为参考声压，由式(2.21)可知，全陶瓷轴承总辐射噪声为各子声源辐射噪声叠加结果，通过对各子声源特性及辐射规律进行求解，可得到总辐射噪声分布。由于外圈在轴承动力学模型中为固定元件，因此外圈与滚动体之间的摩擦、撞击产生噪声可等效为滚动体辐射噪声的一部分。该方法相比传统方法计算尺度更小，求解过程更细致。

2.3　振动信号状态监测理论的应用

2.3.1　建立滚动体与内圈之间接触模型

全陶瓷轴承在运转过程中，内部元件之间会发生挤压、摩擦、撞击等作用，对其动态特性影响较大。全陶瓷轴承运转情况与传统钢制轴承有较多相似之处，其动力学模型也可以在传统钢制轴承动力学模型基础上推导得到。在本书中，轴承外圈固定，视为刚体，内圈旋转，滚动体由内圈带动旋转，并带动保持架运动。假定各元件的质心与型心重合，则各元件之间的运动情况可通过多坐标系表示，如图2.5所示。

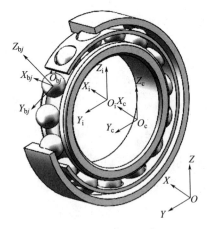

图2.5　多坐标系下全陶瓷轴承接触模型

图 2.5 中,惯性坐标系 $\{O;X,Y,Z\}$ 为固定坐标系,OX 轴与轴承轴线重合,OY 轴与 OZ 轴为径向;内圈坐标系 $\{O_i;X_i,Y_i,Z_i\}$ 用于表示内圈动力学响应,O_i 与内圈型心重合,O_iX_i 轴与内圈轴线重合,O_iY_i 轴与 O_iZ_i 轴为内圈径向;类似地,保持架坐标系 $\{O_c;X_c,Y_c,Z_c\}$ 与滚动体坐标系 $\{O_{bj};X_{bj},Y_{bj},Z_{bj}\}$ 分别表示保持架与第 j 个滚动体动态特性,O_c 与 O_{bj} 分别与保持架和滚动体中心重合,O_cX_c、$O_{bj}X_{bj}$ 轴平行于轴承轴线,其余为径向坐标轴,O_cZ_c 轴与 OO_c 共线,$O_{bj}Z_{bj}$ 轴与 O_iO_{bj} 共线,O_cY_c 轴与 $O_{bj}Y_{bj}$ 轴分别满足直角坐标系右手定则。除惯性坐标系之外,其余坐标系均随相应构件运转而移动,全陶瓷轴承各构件之间的相互作用可通过多坐标系下的动力学微分方程表示。

首先考虑滚动体与轴承内圈接触,在本研究中,全陶瓷轴承为竖直放置,即轴承轴线在水平面内。内圈只与滚动体接触,如图 2.6 所示。

滚动体与内圈、外圈、保持架、润滑油接触,其运转情况可分解为绕 O_iX_i 轴的公转运动,绕 $O_{bj}X_{bj}$ 轴的自转运动与绕 $O_{bj}Y_{bj}$ 轴的陀螺运动。同时由于轴承游隙的存在,内圈运转过程中普遍存在偏心,当 O_i 与 O_{bj} 同时位于 OY 轴下方时,滚动体与内圈之间作用力较大。此时在 $X_iO_iZ_i$ 与 $Y_iO_iZ_i$ 平面内,滚动体与内圈接触模型如图 2.7 所示。

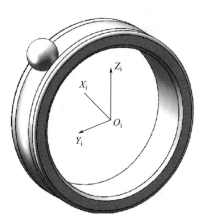

图 2.6　内圈与滚动体接触情况

图 2.7 中,内圈滚道截面形状为纯圆弧形,O_{ir} 为内圈滚道截面圆心,外圈滚道截面形状为圆弧形与两段直线结合。滚动体 j 与内圈、外圈同时接触,α_{ij} 与 α_{oj} 分别表示滚动体与内圈、外圈接触角。Q_{ij} 为滚动体与内圈之间垂直于接触面的法向压力,e 为内圈偏心量,ϕ_e 表示内圈偏心角度,为 OO_i 与 OZ 轴夹角,ϕ_j 为内圈坐标系下滚动体 j 相位角,为 O_iO_{bj} 与 O_iZ_i 轴夹角,F_a 为轴向预紧力,$T_{\xi ij}$ 为内圈牵引力,Q_{cj} 为保持架与滚动体 j 之间作用力,$F_{R\eta ij}$ 与 $F_{R\xi ij}$ 分别为内圈与滚动体之间摩擦力在 $X_iO_iZ_i$ 与 $Y_iO_iZ_i$ 平面内的分量,可表示为:

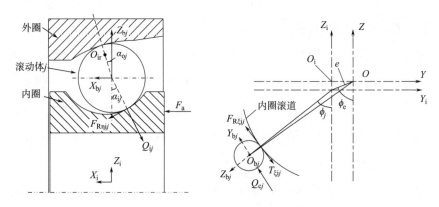

图 2.7 滚动体 j 与内圈接触模型

$$F_{R\eta ij} = 2J_j(\omega_{\eta j}/\omega)^2 \sin\alpha_{ij}/D_j \tag{2.23}$$

$$F_{R\xi ij} = J_j\dot{\omega}_{\xi j}/D_j + m_j D_c \dot{\omega}_c/4 + (1+\mu)Q_{cj}/2 \tag{2.24}$$

式中，J_j 为滚动体 j 的转动惯量，$\omega_{\eta j}$ 为滚动体 j 在 $X_{bj}O_{bj}Z_{bj}$ 平面内陀螺运动角速度，ω 为轴承工作转速，D_j 为滚动体 j 的直径，$\dot{\omega}_{\xi j}$ 为滚动体 j 在 $Y_{bj}O_{bj}Z_{bj}$ 平面内的自转角加速度，m_j 为滚动体 j 的质量，D_c 为保持架直径，$\dot{\omega}_c$ 为保持架角加速度，μ 为保持架与滚动体之间的摩擦系数，Q_{cj} 为保持架与滚动体 j 之间接触力。考虑到球径差的存在，滚动体与内外圈的接触在周向是不均匀的，如图 2.8 所示。

图 2.8 中，O_{bj}、O_{bk} 分别表示第 j、k 个滚动体的中心，由于全陶瓷轴承材料刚度较大，球径差对内圈位移影响较大，致使滚动体 k 与内圈不能完全接触。在高速运转工况下，滚动体 k 的运动可视为在外圈滚道上的滚动与滑动。将类似图 2.8 中滚动体 j 类与内外圈同时接触的滚动体称为承载滚动体，将滚动

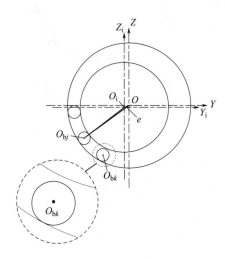

图 2.8 滚动体与内外圈周向接触情况示意图

体 k 类不同时与内外圈接触的滚动体称为非承载滚动体。在忽略内圈变形量，并假设内圈与各滚动体接触区域变形相互独立的条件下，承载滚动体的数量仅在 $1\sim3$ 变化。根据结构连续性，承载滚动体的几何边界条件满足：

$$\overline{O_iO_{bj}} \leqslant R_i + l_i + r_i - (r_i - D_j/2)\cos\alpha_{ij} \tag{2.25}$$

式中，R_i 为轴承内圈内径，l_i 为内圈最小厚度，即内圈滚道最低点距离内圈内表面最小距离，r_i 为内圈滚道半径，$\overline{O_iO_{bj}}$ 为内圈中心与滚动体 j 中心距离在 YOZ 平面内投影，满足：

$$\overline{O_iO_{bj}} = \sqrt{e^2\cos^2(\phi_e - \phi_j) - e^2 + \overline{OO_{bj}}^2} - e\cos(\phi_e - \phi_j) \tag{2.26}$$

式中，$\overline{OO_{bj}}$ 为固定坐系中心与滚动体 j 中心距离在 YOZ 平面内投影，可表示为：

$$\overline{OO_{bj}} = R_i + e\cos(\phi_e - \phi_j) + l_i + r_i - (r_i - D_j/2)\cos\alpha_{ij} \tag{2.27}$$

从而内圈的振动微分方程可表示为：

$$F_x + \sum_{j=1}^{N_1}(F_{R\eta ij}\cos\alpha_{ij} - Q_{ij}\sin\alpha_{ij}) = m_i\ddot{x}_i \tag{2.28}$$

$$F_y + \sum_{j=1}^{N_1}\left[(Q_{ij}\cos\alpha_{ij} + F_{R\eta ij}\sin\alpha_{ij})\cos\phi_j + (T_{\xi ij} - F_{R\xi ij})\sin\phi_j\right] = m_i\ddot{y}_i \tag{2.29}$$

$$F_z + \sum_{j=1}^{N_1}\left[(Q_{ij}\cos\alpha_{ij} + F_{R\eta ij}\sin\alpha_{ij})\sin\phi_j - (T_{\xi ij} - F_{R\xi ij})\cos\phi_j\right] = m_i\ddot{z}_i \tag{2.30}$$

$$M_y + \sum_{j=1}^{N_1}\left[r_{ij}(Q_{ij}\sin\alpha_{ij} - F_{R\eta ij}\cos\alpha_{ij})\sin\phi_j + \frac{D_j}{2}r_iT_{\xi ij}\sin\alpha_{ij}\cos\phi_j\right] \\ = I_{iy}\dot{\omega}_{iy} - (I_{ix} - I_{iz})\omega_{ix}\omega_{iz} \tag{2.31}$$

$$M_z + \sum_{j=1}^{N_1}\left[r_{ij}(Q_{ij}\sin\alpha_{ij} - F_{R\eta ij}\cos\alpha_{ij})\cos\phi_j + \frac{D_j}{2}r_iT_{\xi ij}\sin\alpha_{ij}\sin\phi_j\right] \\ = I_{iz}\dot{\omega}_{iz} - (I_{ix} - I_{iy})\omega_{ix}\omega_{iy} \tag{2.32}$$

式中，m_i 为内圈质量；$\ddot{x}_i$、$\ddot{y}_i$、$\ddot{z}_i$ 分别为内圈沿 O_iX_i、O_iY_i、O_iZ_i 轴的加速度；I_{ix}、I_{iy}、

I_{iz} 分别为内圈绕 O_iX_i、O_iY_i、O_iZ_i 轴的转动惯量，ω_{ix}、ω_{iy}、ω_{iz} 为内圈角速度，$\dot{\omega}_{ix}$、$\dot{\omega}_{iy}$、$\dot{\omega}_{iz}$ 为内圈沿 O_iX_i、O_iY_i、O_iZ_i 轴的相应角加速度，N_1 为承载滚动体个数，F_x、F_y、F_z、M_y、M_z 为外加载荷，r_{ij} 为公转半径，可表示为：

$$r_{ij} = 0.5d_m - 0.5D_jr_i\cos\alpha_{ij} \tag{2.33}$$

式中，d_m 为轴承节圆直径。在求解系统动态特性时，首先需根据式(2.25)～式(2.27)求出承载滚动体位置及个数。当滚动体满足式(2.25)时为承载滚动体，否则为非承载滚动体。对于非承载滚动体，其与内圈不接触，因而不计入计算。

2.3.2　建立保持架接触模型

由于保持架质量小、厚度薄，因此，在低速运转下其动态特性常被忽略。在高速运转工况下，保持架与滚动体之间的碰撞与摩擦是造成滚动体打滑及陀螺运动的主要原因，对整个轴承的振声特性有着重大影响。保持架运转过程中同样存在偏心，且保持架孔径略大于滚动体直径，滚动体在保持架孔中做周向往复运动。本研究假设保持架只与滚动体接触，不与内圈接触，则在 $Y_cO_cZ_c$ 与 $X_cO_cZ_c$ 平面内保持架与滚动体的接触模型分别如图 2.9、图 2.10 所示。

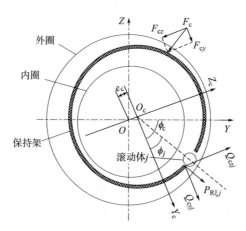

图 2.9　保持架与滚动体接触模型——$Y_cO_cZ_c$ 平面

图 2.9 和图 2.10 中，O_c 为保持架中心，e_c 为保持架偏心量，ϕ_c 为固定坐标系 $\{O;Y,Z\}$ 与保持架坐标系 $\{O_c;Y_c,Z_c\}$ 的夹角，Q_{cj} 为保持架与滚动体 j 之间

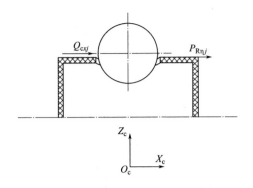

图 2.10　保持架与滚动体接触模型——$X_cO_cZ_c$ 平面

接触力，Q_{cxj}、Q_{cyj}、Q_{czj} 分别为 Q_{cj} 在 O_cX_c、O_cY_c、O_cZ_c 坐标轴方向上的分量。ϕ_j 为滚动体 j 在保持架坐标系 $\{O_c;Y_c,Z_c\}$ 下的方位角。F_c 为润滑油施加给保持架的作用力，由于保持架质量较轻，因此高速运转下润滑油的作用不可忽视。F_{cy} 与 F_{cz} 为 F_c 沿 O_cY_c 与 O_cZ_c 轴方向的分量。$P_{R\xi j}$ 与 $P_{R\eta j}$ 为在 $Y_cO_cZ_c$ 平面与 $X_cO_cZ_c$ 平面内滚动体施加给保持架的摩擦力分量。保持架的动力学微分方程可表示为：

$$\sum_{j=1}^{N}(Q_{cxj}+P_{R\eta j})=m_c\ddot{x}_c \tag{2.34}$$

$$\sum_{j=1}^{N}(Q_{cyj}+P_{R\xi j}\cos\phi_j)+F_{cy}=m_c\ddot{y}_c \tag{2.35}$$

$$\sum_{j=1}^{N}(Q_{czj}+P_{R\xi j}\sin\phi_j)-F_{cz}=m_c\ddot{z}_c \tag{2.36}$$

$$\sum_{j=1}^{N}(P_{R\xi j}\cdot D_j/2+\sqrt{Q_{cyj}^2+Q_{czj}^2}\cdot d_m/2)+M_{cx}=I_{cx}\dot{\omega}_{cx}-(I_{cy}-I_{cz})\omega_{cy}\omega_{cz}$$

$$\tag{2.37}$$

$$\sum_{j=1}^{N}(P_{R\eta j}+Q_{cxj})\cdot d_m\sin\varphi_j/2=I_{cy}\dot{\omega}_{cy}-(I_{cz}-I_{cx})\omega_{cz}\omega_{cx} \tag{2.38}$$

$$\sum_{j=1}^{N}(P_{R\eta j}+Q_{cxj})\cdot d_m\cos\varphi_j/2=I_{cz}\dot{\omega}_{cz}-(I_{cx}-I_{cy})\omega_{cx}\omega_{cy} \tag{2.39}$$

式中，N 为总滚动体个数，m_c 为保持架质量，$\ddot{x}_c$、$\ddot{y}_c$、$\ddot{z}_c$ 分别为保持架沿 O_cX_c、

O_cY_c、O_cZ_c 轴方向加速度，M_{cx} 为保持架外部载荷，I_{cx}、I_{cy}、I_{cz} 分别为保持架转动惯量，ω_{cx}、ω_{cy}、ω_{cz} 分别为保持架绕 O_cX_c、O_cY_c、O_cZ_c 轴转动角速度，$\dot{\omega}_{cx}$、$\dot{\omega}_{cy}$、$\dot{\omega}_{cz}$ 为对应角加速度。在轴承运转过程中，滚动体在保持架孔内往复运动，因此与保持架的作用力方向是时变的，本研究仅采用图 2.9 及图 2.10 中时刻作为参考，在计算过程中作用力方向可通过正负值来体现。

2.3.3　承载滚动体受力分析

滚动体承载情况比较复杂，按照与内圈接触情况可分为承载滚动体与非承载滚动体。根据图 2.7～图 2.10，承载滚动体受力情况如图 2.11 所示。

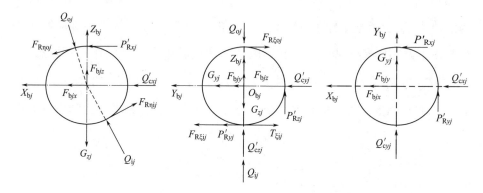

图 2.11　承载滚动体受力情况

图 2.11 中，F_{bjx}、F_{bjy}、F_{bjz} 分别为润滑油对滚动体的作用力在 $O_{bj}X_{bj}$、$O_{bj}Y_{bj}$、$O_{bj}Z_{bj}$ 方向上的分量，由于滚动体质量较小，因此润滑油的影响不可忽略，作用力等效作用点为滚动体中心。Q_{oj} 为外圈与滚动体 j 之间接触力，$F_{R\eta oj}$、$F_{R\xi oj}$ 分别为外圈与滚动体之间摩擦力在 $X_{bj}O_{bj}Z_{bj}$ 与 $Y_{bj}O_{bj}Z_{bj}$ 平面内的分量，G_{yj}、G_{zj} 分别为滚动体 j 重力在 $O_{bj}Y_{bj}$ 与 $O_{bj}Z_{bj}$ 轴上的分量，满足：

$$\begin{cases} G_{yj} = m_j g\cos\phi_j \\ G_{zj} = m_j g\sin\phi_j \end{cases} \tag{2.40}$$

式中，m_j 为滚动体 j 的质量，本研究中假设滚动体初始形状均为正球体，即：

$$m_j = \rho \cdot D_j^3 / 6 \tag{2.41}$$

式中，ρ 为滚动体材料密度。Q'_{cxj}、Q'_{cyj}、Q'_{czj} 为 Q_{cxj}、Q_{cyj}、Q_{czj} 在滚动体坐标系 $\{O_{bj};$ X_{bj}，Y_{bj}，$Z_{bj}\}$ 上的投影，内圈坐标系、保持架坐标系、滚动体坐标系与参考坐标系之间的位置关系如图 2.12 所示。

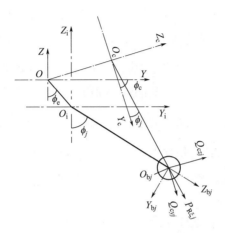

图 2.12 内圈坐标系、保持架坐标系、滚动体坐标系与参考坐标系之间位置关系

故有：

$$\begin{cases} Q'_{cxj} = Q_{cxj} \\ Q'_{cyj} = -Q_{cyj}\cos(\phi_j + \phi_c) - Q_{czj}\sin(\phi_j + \phi_c) \\ Q'_{czj} = Q_{cyj}\sin(\phi_j + \phi_c) - Q_{czj}\cos(\phi_j + \phi_c) \end{cases} \tag{2.42}$$

式中，P'_{Rxj}、P'_{Ryj}、P'_{Rzj} 为 $P_{R\xi j}$ 与 $P_{R\eta j}$ 在 $O_{bj}X_{bj}$、$O_{bj}Y_{bj}$、$O_{bj}Z_{bj}$ 轴上的投影，可表示为：

$$\begin{cases} P'_{Rxj} = P_{R\eta j} \\ P'_{Ryj} = -P_{R\xi j}\cos(\phi_j + \phi_c - \varphi_j) \\ P'_{Rzj} = P_{R\xi j}\sin(\phi_j + \phi_c - \varphi_j) \end{cases} \tag{2.43}$$

对于满足式(2.24)的承载滚动体，其动力学微分方程可表示为：

$$F_{bjx} + F_{R\eta oj}\cos\alpha_{oj} + Q_{ij}\sin\alpha_{ij} + Q'_{cxj} + P'_{Rxj} - Q_{oj}\sin\alpha_{oj} - F_{R\eta ij}\cos\alpha_{ij} = m_j\ddot{x}_{bj} \tag{2.44}$$

$$F_{bjy} + G_{yj} + Q'_{cyj} + P'_{Ryj} + F_{R\xi ij} - F_{R\xi oj} - T_{R\xi ij} = m_j\ddot{y}_{bj} \tag{2.45}$$

$$F_{bjz} + Q'_{czj} + Q_{ij}\cos\alpha_{ij} + F_{R\eta oj}\sin\alpha_{ij} - Q_{oj}\cos\alpha_{oj} - F_{R\eta oj}\sin\alpha_{oj} + P'_{Rzj} - G_{zj} = m_j\ddot{z}_{bj}$$

$$\tag{2.46}$$

$$(T_{R\xi ij}+P'_{Rzj}-F_{R\xi oj}-P'_{Ryj}-F_{R\xi ij})\cdot D_j/2 = I_{bj}\dot{\omega}_{bxj}+J_{xj}\dot{\omega}_{xj} \tag{2.47}$$

$$(F_{R\eta ij}+P'_{Rxj}+F_{R\eta oj})\cdot D_j/2 = I_{bj}\omega_{byj}+J_{yj}\omega_{yj}+I_{bj}\omega_{bzj}\dot{\theta}_{bj} \tag{2.48}$$

$$(P'_{Ryj}+P'_{Rxj})\cdot D_j/2 = I_{bj}\omega_{bzj}-I_{bj}\omega_{yj}\dot{\theta}_{bj}+J_{zj}\dot{\omega}_{zj} \tag{2.49}$$

式中,$\ddot{x}_{bj}$、$\ddot{y}_{bj}$、$\ddot{z}_{bj}$ 分别为滚动体沿 $O_{bj}X_{bj}$、$O_{bj}Y_{bj}$、$O_{bj}Z_{bj}$ 轴的加速度,I_{bj} 为滚动体 j 在固定坐标系 $\{O;X,Y,Z\}$ 中的转动惯量,J_{xj}、J_{yj}、J_{zj} 为滚动体 j 在滚动体坐标系 $\{O_{bj};X_{bj},Y_{bj},Z_{bj}\}$ 中对应各转轴的转动惯量,ω_{xj}、ω_{yj}、ω_{zj} 分别为滚动体 j 绕 $O_{bj}X_{bj}$、$O_{bj}Y_{bj}$、$O_{bj}Z_{bj}$ 轴的转动角速度,ω_{bxj}、ω_{byj}、ω_{bzj} 分别为滚动体在固定坐标系中绕 OX、OY、OZ 轴的转动角速度,$\dot{\omega}_{xj}$、$\dot{\omega}_{yj}$、$\dot{\omega}_{zj}$、$\dot{\omega}_{bxj}$、$\dot{\omega}_{byj}$、$\dot{\omega}_{bzj}$ 分别为相应角加速度,$\dot{\theta}_{bj}$ 为滚动体在坐标系 $\{O;X,Y,Z\}$ 中的公转速度。

2.3.4　非承载滚动体受力分析

考虑滚动体球径差时,假设 D_j 为滚动体球径最大值,D_k 为滚动体球径最小值,D_j 与 D_k 的差距为:

$$D_j - D_k = \delta \tag{2.50}$$

式中,δ 为该全陶瓷轴承滚动体球径差,其余滚动体直径在 D_j 与 D_k 之间随机分布。由于离心力的原因,对于不满足式(2.3)的非承载滚动体,如图2.5中滚动体 k,可视为在外滚道上做滚—滑运动,与内圈不接触,因此其与内圈之间作用力不计入计算[50],对于非承载滚动体 k,其受力情况如图2.13所示。

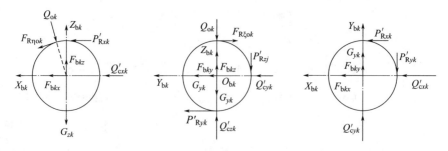

图 2.13　非承载滚动体受力情况

对于非承载滚动体,其动力学微分方程可表示为

$$F_{bkx}+F_{R\eta ok}\cos\alpha_{ok}+Q'_{oxk}+P'_{Rxk}-Q_{oj}\sin\alpha_{oj}=m_k\ddot{x}_{bk} \tag{2.51}$$

$$F_{bky}+G_{yk}+Q'_{cyk}+P'_{Ryk}+F_{R\xi ok}=m_k\ddot{y}_{bk} \tag{2.52}$$

$$F_{bkz}+Q'_{czk}-Q_{ok}\cos\alpha_{ok}-F_{R\eta ok}\sin\alpha_{ok}+P'_{Rzk}-G_{zk}=m_k\ddot{z}_{bk} \tag{2.53}$$

$$(P'_{Rzk}-F_{R\xi ok}-P'_{Ryk})\cdot D_k/2=I_{bk}\dot{\omega}_{bxk}+J_{xk}\dot{\omega}_{xk} \tag{2.54}$$

$$(P'_{Rxk}+F_{R\eta ok})\cdot D_k/2=I_{bk}\omega_{byk}+J_{yk}\omega_{yk}+I_{bk}\omega_{bzk}\dot{\theta}_{bk} \tag{2.55}$$

$$(P'_{Ryk}+P'_{Rxk})\cdot D_k/2=I_{bk}\omega_{bzk}-J_{bk}\omega_{yk}\dot{\theta}_{bk}+J_{zk}\dot{\omega}_{zk} \tag{2.56}$$

式中,各参数意义与式(2.40)~式(2.49)中相同,在计算过程中首先要根据式(2.25)确定承载滚动体个数及位置,然后根据滚动体承载情况对每个滚动体动态特性进行计算。

2.3.5　计算结果分析

在针对全陶瓷球轴承的动态特性计算中,假设各构件的质心与型心相重合,且润滑油膜在元件表面均匀分布。本节中选取全陶瓷球轴承结构参数与7003C 轴承相同,保持架材料为酚醛树脂,内外圈及滚动体材料为氮化硅工程陶瓷,其各项结构参数见表 2.1。

表 2.1　7003C 全陶瓷球轴承结构参数

结构参数	取值
外圈外径/mm	35
外圈内径/mm	29.2
轴承宽度/mm	10
保持架外径/mm	26.5
保持架内径/mm	23.8
保持架孔径/mm	5
保持架宽度/mm	8.8
内圈外径/mm	23
内圈内径/mm	17
滚动体个数/个	15
滚动体公称直径/mm	4.5
球径差幅值/mm	0.01
初始接触角/(°)	15

表 2.1 中,外圈内径表示外圈内表面最小处直径,内圈外径表示内圈外表面最大处直径,滚动体公称直径为滚动体制造过程中标注的直径尺寸,而实际滚动体尺寸则根据球径差幅值在公称直径两侧浮动。假设滚动体球径差幅值为对称偏差,则当球径差幅值为 0.01mm 时,各滚动体直径变化范围为 (4.5 ± 0.005)mm,即 4.495~4.505mm,并满足:

$$D_m = D_n + R_m \delta_b \quad (m = 1, 2, \cdots, 15) \tag{2.57}$$

式中,D_m 为第 m 个滚动体直径,D_n 为滚动体公称直径,R_m 为第 m 个滚动体的球径差系数,δ_b 为球径差幅值。各滚动体为逆时针顺序编号,如图 2.14 所示。

R_m 在 $[-0.5, 0.5]$ 区间内呈随机分布,本节中 R_m 取值如图 2.15 所示。

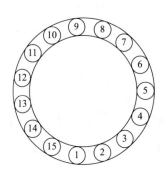

图 2.14　滚动体编号

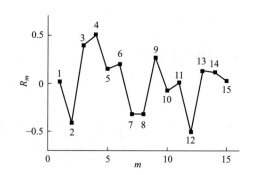

图 2.15　滚动体球径差系数取值

在本研究涉及对全陶瓷轴承振动与噪声特性计算中,全陶瓷轴承均竖直放置,即轴承轴线位于水平面内。为研究滚动体球径差对载荷周向分布产生的影响,这里设轴承正上方 12 点钟方向为 0°,其余角度顺时针排列,轴承转速为 15000 r/min。考虑滚动体球径差时,轴承振动采用式(2.23)~式(2.57)求得。计算时长为 1s,采用各点处幅值有效值进行分析。角度步长为 12°,则滚动体与内外圈之间接触力 Q_{ij} 与 Q_{oj} 计算结果如图 2.16 所示,此处选取 1 号、3 号、4 号、7 号与 12 号滚动体作为代表。

当不考虑球径差的影响时,δ_b 取 0,承载区间内所有滚动体均和内圈、外圈接触,则轴承各构件振动可参照文献[53]中提供的动力学模型进行求解,作为对照结果。不考虑球径差时滚动体与内外圈接触力如图 2.17 所示。

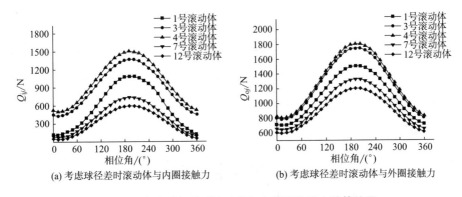

(a) 考虑球径差时滚动体与内圈接触力　　(b) 考虑球径差时滚动体与外圈接触力

图 2.16　考虑球径差时滚动体与内外圈接触力计算结果

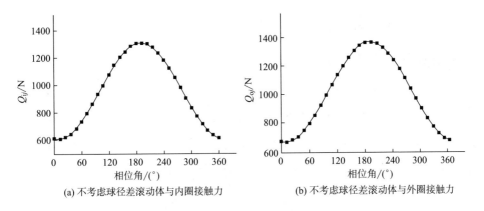

(a) 不考虑球径差滚动体与内圈接触力　　(b) 不考虑球径差滚动体与外圈接触力

图 2.17　不考虑球径差时滚动体与内外圈接触力计算结果

通过对比图 2.16 与图 2.17 可以看出,滚动体与轴承套圈接触力在承载区间内较大,在 180°附近达到最大值。由于外圈除了承担内圈传递来的载荷,还承担滚动体的离心力,因此 Q_{oj} 比 Q_{ij} 略大。当不考虑球径差的影响时,各滚动体与轴承套圈接触力相同,而当考虑球径差的影响时,接触力最大的滚动体为球径最大的 4 号滚动体,说明球径较大的滚动体与内外圈接触概率较大,接触时间较长,因此接触力总体较大,而当球径减小时,滚动体所受内外圈挤压减小,接触力减小。滚动体与外圈接触力 Q_{oj} 变化趋势与 Q_{ij} 类似,都随着滚动体球径变化而改变,对于球径较大的滚动体接触力较大,而滚动体直径较小时接触力也较小。计算结果说明,考虑滚动体球径差影响时,计算结果与传统模型有一定差异,虽然同一滚动体在不同相位角处受力趋势未发生变化,但不同滚动体受力出现较大差距,而轴承旋转过程中不同滚动体处于不同相位角,考虑滚动体球径差时,轴承振动情况势必发生较大变化,并进而影响轴承辐射噪声周向分布情况,其运算精度需要经过实验进行验证。

2.4 声信号状态监测理论的应用

2.4.1 单场点处声压级对比与分析

为检验子声源分解理论的计算效果,并比较前文建立的考虑滚动体球径差的全陶瓷轴承动力学模型与不考虑滚动体球径差的传统动力学模型的计算结果,选定轴承型号与工况参量进行算例分析。假设各构件运行状况良好无故障,轴承尺寸与表 2.1 中所示相同,滚动体公称直径为 4.5mm,球径差为 0.01mm,滚动体球径变化范围为 4.495~4.505mm,各滚动体球径取值参照图 2.14。保持架材料为酚醛树脂,其密度为 $1.4g/cm^3$,弹性模量 215MPa,轴承内外圈与滚动体材料为氮化硅陶瓷,其密度为 $3.0g/cm^3$,弹性模量 200GPa。场点布置于垂直于轴承轴线,并与轴承端面距离 l 的平面内,场点呈圆形排列,直径为 d,如图 2.18 所示。

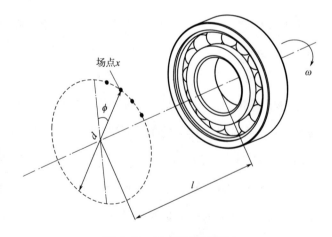

图 2.18　场点布置示意图

将轴线正上方 12 点钟方向设为 $0°$，场点偏移 $0°$ 方向角度设为 ϕ，则场点处声压级为其位置参数的函数：

$$S(x) = f(\omega, l, \phi, d) \tag{2.58}$$

式中，$S(x)$ 为场点 x 处声压级，将场点平面固定为 $l = 100\text{mm}$，$d = 0$，则场点位于轴承轴线上，距离轴承端面 100mm。

应用子声源分解理论分别基于本文中提出的全陶瓷轴承动力学模型与传统滚动轴承动力学模型对轴承辐射噪声进行计算，轴承转速变化范围为 $15000 \sim 40000\text{r/min}$，计算步长为 1000r/min，施加在轴承上的外力只有轴向预紧力 $F_a = 1500\text{N}$，不考虑转速波动对轴承运转的影响，轴承径向载荷忽略不计，计算结果如图 2.19 所示。

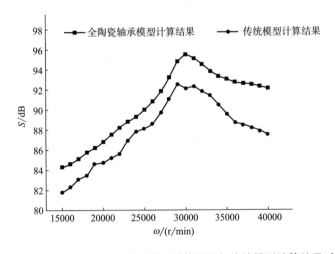

图 2.19　单场点处全陶瓷轴承模型计算结果与传统模型计算结果对比

图 2.19 中，带有矩形图例的为考虑球径差的全陶瓷轴承模型计算结果，带圆形图例的为采用不考虑球径差的传统模型计算结果。可以看出，应用全陶瓷轴承模型的声压级计算结果更大，且在转速范围内声压级变化幅度也更大。考虑球径差的全陶瓷轴承模型计算结果最大值出现在 30000r/min，且峰值转速声压级明显高于其他转速，而不考虑球径差的传统滚动轴承模型计算结果最大值出现在 29000r/min，在峰值转速附近存在多个相近声压级，峰值表现不明显。

随着转速进一步上升,采用传统模型进行计算的声压级结果下降幅度大于全陶瓷轴承模型计算结果。由计算结果可以看出,考虑球径差对辐射噪声峰值的对应转速计算结果影响不大,而对辐射噪声幅值有较大影响,且考虑球径差与不考虑球径差的声压级差异随转速上升而增大。两计算结果在 24000r/min 下差距最小,为 1.5dB,在 40000r/min 下差距最大,为 4.6dB。这是由于在考虑球径差对全陶瓷轴承振声特性影响的条件下,承载滚动体个数减少,分担到每个承载滚动体上的运转载荷大大增加,使得承载滚动体与内外圈之间的摩擦、非承载滚动体与内外圈之间的撞击作用加剧,因而辐射噪声增大。而通过临界转速后,虽然结构动响应幅值因远离共振频率而下降,但摩擦与撞击效应随转速上升而进一步加剧,因此噪声总幅值下降不明显。

2.4.2 环状场点阵列处声压级计算结果对比与分析

考虑球径差后,承载滚动体数量减少,承载滚动体与轴承套圈接触区域缩小,承载滚动体位置对全陶瓷轴承辐射噪声声场分布情况有较大影响。而且由前文计算得知,考虑到滚动体球径差的轴承套圈受力计算结果在圆周方向上变化明显,而辐射噪声对振动变化的灵敏度较高,即使是细微的振动差别也会在噪声信号中得到明显反映。因此,声压级在周向方向可能存在较大差异,需要对噪声周向分布进行细致研究。将测点布置于 $d = 460$mm 的测点圆环上,对圆环上测点的周向声压级差异进行研究。取轴承转速为 30000r/min,逆时针旋转。设轴承正上方 12 点钟方向为 0°,计算步长为 $\Delta\phi = 12°$,角度逆时针增大,与轴承旋转方向相同,其余工况与 2.4.1 节中相同,则全陶瓷轴承模型计算结果与传统模型计算结果如图 2.20 所示。

图 2.20 中,矩形图例所示为全陶瓷轴承模型计算结果,圆形图例为传统滚动轴承计算结果。可以看出,与前文结论类似,考虑球径差的全陶瓷轴承辐射噪声计算结果更大,且在周向方向上存在较大差异。考虑球径差的声辐射模型周向辐射噪声最大值为 93.6dB,位于 204°,平均值为 89.44dB,不考虑球径差的声辐射模型计算结果最大值为 89.58dB,位于 192°,平均值为 86.93dB。考虑球

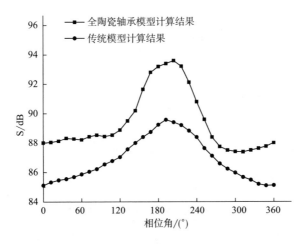

图 2.20 环形场点处计算结果对比

径差的声辐射模型计算结果在周向差异达到 6.22dB,而不考虑球径差的传统模型计算结果周向差异仅为 4.48dB。传统模型计算结果近似于轴对称,而考虑球径差的模型在 0°～120° 与 240°～360° 区间变化情况有明显差异,主要体现为传统模型在圆周方向上随相位角增大为均匀增大、减小,而考虑球径差的模型最大值、最小值并不出现在轴承正上方、正下方,且在最大声压级对应相位角两侧声压级变化速率不同。

辐射噪声与构件之间的相互作用情况密切相关,其周向分布受承载滚动体位置直接影响。当轴承竖直放置时,承载滚动体同时受牵引力与重力作用,使得承载滚动体位置位于轴承斜下方,偏向转动方向。承载滚动体与非承载滚动体之间受力相差较大,承载滚动体与内外圈之间摩擦作用辐射剧烈的摩擦噪声,因此承载滚动体与非承载滚动体辐射噪声相差较大,而内外圈与承载滚动体接触位置同样有较大声辐射。当使用子声源分解理论计算轴承辐射噪声时,与承载滚动体对应相位角处辐射噪声叠加结果与其余角度处声压级结果有较大差距。综合以上结果可以看出,考虑球径差因素对轴承辐射噪声计算结果影响较大,导致辐射噪声在周向呈现较大差异性,与不考虑球径差的传统滚动轴承模型有很大不同,这些差异证明滚动体实际承载情况对轴承振声特性有重要影响,具体影响情况与变化规律有待进一步研究。

2.4.3 不考虑球径差的内圈辐射噪声贡献计算

为了更好地揭示轴承辐射噪声产生机理,首先在子声源分解理论的基础上对传统模型下各子声源辐射噪声进行计算。假设轴承空载运转,所受唯一外力为轴向预紧力 $F_a = 1500\text{N}$,取 $l = 100\text{mm}$,$d = 0$ 处为参考场点 A,对各构件辐射噪声频域特性进行计算。计算频率范围为 $0 \sim 5000\text{Hz}$,频率步长为 20Hz。轴承型号选取 7009C,其结构参数见表 2.2。

表 2.2　7009C 全陶瓷球轴承结构参数

结构参数	取值
外圈外径/mm	75
外圈内径/mm	66.5
轴承宽度/mm	16
保持架外径/mm	65
保持架内径/mm	62.1
保持架孔径/mm	10
保持架宽度/mm	14.75
内圈外径/mm	54.2
内圈内径/mm	45
滚动体个数/个	15
滚动体公称直径/mm	9.5
初始接触角/(°)	15

各构件特征频率是辐射噪声频域结果中重要成分,并可用下式表示:

$$\begin{cases} f_c = f_r \cdot \dfrac{1 - \dfrac{D_n}{d_m} \cdot \cos\alpha_n}{2} \\[4mm] f_b = f_r \cdot \dfrac{d_m}{D_w} \cdot \dfrac{1 - \left(\dfrac{D_n}{d_m} \cdot \cos\alpha_n\right)^2}{2} \\[4mm] f_i = N \cdot f_r \cdot \dfrac{1 + \dfrac{D_n}{d_m} \cdot \cos\alpha_n}{2} \\[4mm] f_o = N \cdot f_r \cdot \dfrac{1 - \dfrac{D_n}{d_m} \cdot \cos\alpha_n}{2} \end{cases} \quad (2.59)$$

式中,f_r 为轴承转频,而 f_c、f_b、f_i、f_o 分别为保持架、滚动体、内圈滚道与外圈滚道的特征频率,α_n 为法向接触角,这里为 $15°$,D_n 为滚动体公称直径,N 为滚动体总数,这里取 $N=15$。可以看出,轴承各构件特征频率均与转速成正比,当转速设为 15000r/min、20000r/min、25000r/min、30000r/min 时,各构件的特征频率见表 2.3。

表 2.3　轴承转速与各构件特征频率

轴承转速/(r/min)	f_r/Hz	f_c/Hz	f_b/Hz	f_i/Hz	f_o/Hz
15000	250	108.44	840.26	2123.36	1626.64
20000	333.33	144.59	1120.33	2831.12	2168.83
25000	416.67	180.74	1400.44	3538.97	2711.08
30000	500	216.88	1680.51	4246.73	3253.27

在计算中假定内圈为轴承驱动元件,且与轴紧密固连,忽略内圈与轴之间连接刚度与转动相位延迟,在场点 A 处内圈辐射噪声频域结果如图 2.21(a)~(d)所示。

图 2.21(a)~(d)分别为转速为 15000r/min、20000r/min、25000r/min、30000r/min 时内圈辐射噪声计算结果。可以看出,内圈辐射噪声幅值随转速上升而逐渐增大,并在中低频段有明显频率成分出现。每个转速下频域结果有明显频率峰值六处,分别为转频、二倍频及各构件特征频率。随着转速上升峰值频率朝高频方向移动,且峰值频率之间间隔增大。不同特征频率对内圈辐射噪声的贡献不同,且随着转速上升,变化趋势也有较大差异。其中,f_i 直接影响内圈滚道的表面振动,对辐射噪声的贡献最大;f_b 对内圈辐射噪声的贡献小于 f_i,但比 f_c 与 f_o 都大,这是由于滚动体与内圈滚道直接接触,传递表面振动时损失最小的缘故;由于保持架柔性较大,且振动传递路径较长,因此 f_c 在内圈辐射噪声频域结果中贡献较小,但随着轴承转速上升,保持架声辐射贡献量迅速上升;与其余特征频率变化幅度相比,f_r 与 $2f_r$ 频率成分变化幅度较小,表明转速相关频率成分对内圈辐射噪声贡献比较稳定,且内圈声辐射主要贡献量为各构件特征频率成分。

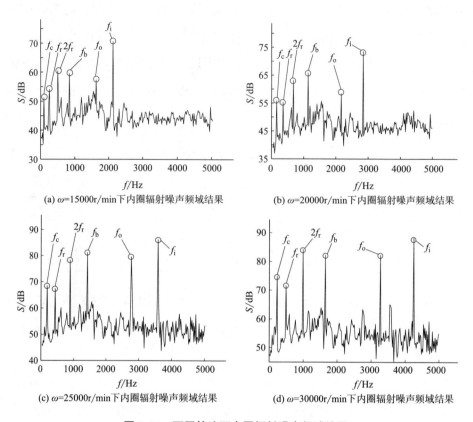

(a) ω=15000r/min下内圈辐射噪声频域结果　　(b) ω=20000r/min下内圈辐射噪声频域结果

(c) ω=25000r/min下内圈辐射噪声频域结果　　(d) ω=30000r/min下内圈辐射噪声频域结果

图 2.21　不同转速下内圈辐射噪声频域结果

2.4.4　不考虑球径差的保持架辐射噪声频域分析

假设保持架安装无偏差,无早期故障,忽略安装误差与形状误差对轴承振声特性产生的影响,则不同转速下保持架辐射噪声频率曲线如图 2.22(a)~(d) 所示。

图 2.22(a)~(d) 分别为转速为 15000r/min、20000r/min、25000r/min、30000r/min 时保持架辐射噪声计算结果。可以看出,每个频率曲线图中均有三个明显峰值,分别对应 f_c、f_r 与 f_b,与内圈辐射噪声相比特征频率减少。这是由于保持架在运转过程中仅与滚动体接触,而与内圈、外圈不接触,因此内圈对应的转动特征频率未通过振动传递给保持架。当转速上升时,三个峰值频率向高

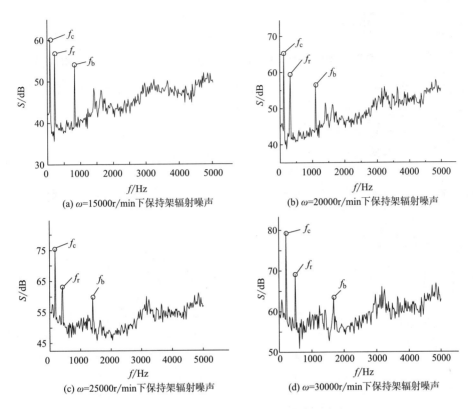

(a) ω=15000r/min下保持架辐射噪声　　(b) ω=20000r/min下保持架辐射噪声

(c) ω=25000r/min下保持架辐射噪声　　(d) ω=30000r/min下保持架辐射噪声

图 2.22　不同转速下保持架辐射噪声频域结果

频方向移动,且频率间距增大。由于 f_c 与保持架振动情况直接相关,因此 f_c 为保持架声辐射中主要频率成分。随着转速的上升,f_c 频率成分对保持架辐射噪声的贡献量同样呈现非线性增长。与 f_c 相比,当转速上升时 f_r 与 f_b 频率成分增长呈现线性变化趋势,且增长速度较慢。其余 500Hz 以下频率成分贡献量随转速上升而减小,500Hz 以上频率成分贡献量随转速上升而增大。f_b 频率成分变化量随转速改变减小,证明虽然滚动体与保持架直接接触,但其对保持架振声特性影响量变化不大。这是由于保持架柔性较大,对撞击振动具有较强的吸收作用,因此滚动体特征频率在保持架辐射噪声中表现不明显,变化幅度较小。

2.4.5 不考虑球径差的滚动体辐射噪声频域分析

假设轴承安装过程中各滚动体均妥善安装,各滚动体采用各项物理性质相同的各向同性材料制成,且无初始故障。此处滚动体辐射噪声指承载滚动体与非承载滚动体辐射噪声之和,各滚动体辐射噪声叠加结果如图2.23(a)~(d)所示。

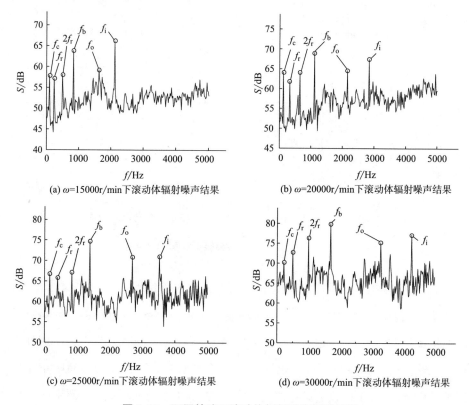

(a) $\omega=15000\mathrm{r/min}$ 下滚动体辐射噪声结果

(b) $\omega=20000\mathrm{r/min}$ 下滚动体辐射噪声结果

(c) $\omega=25000\mathrm{r/min}$ 下滚动体辐射噪声结果

(d) $\omega=30000\mathrm{r/min}$ 下滚动体辐射噪声结果

图 2.23　不同转速下滚动体辐射噪声频域结果

图2.23(a)~(d)分别为转速为15000r/min、20000r/min、25000r/min、30000r/min时滚动体辐射噪声计算结果。与图2.21及图2.22相比,滚动体辐射噪声频域结果更为复杂,图2.23中主要峰值频率与图2.21中相同,但变化趋势有所差异。f_c频率成分依然呈现非线性变化趋势,而随着转速的上升,f_c贡

献量占滚动体总辐射噪声比重减少。转速相关频率 f_r 与 $2f_r$ 噪声成分在低速工况下不明显,但从 25000r/min 到 30000r/min 时有明显的增长。

此外,可以看出,f_b 频率成分在滚动体声辐射中贡献最大,且随着转速的上升呈稳定增长。f_i 对滚动体声辐射影响量要大于 f_o,但 f_i 与 f_o 声辐射幅值差距随转速上升而减小。这是由于在低速工况下,滚动体与内圈接触一侧刚度较小,因而其振幅较大,辐射噪声较大,而随着转速升高,滚动体所受离心力增大,与外圈直接挤压、摩擦效应加剧,因此 f_o 对滚动体振声特性影响增大。

2.4.6 考虑球径差的内圈辐射噪声情况

通过对比图 2.21~图 2.23 中计算结果可以看出,内圈辐射噪声计算结果相对于外圈与滚动体大,这是由于内圈与滚动体接触频繁,作为单个元件承受大量载荷。在考虑球径差与不考虑球径差的动力学模型中,内圈动态特性差别最大,而其他元件动态特性差别较小,因此在考虑滚动体球径差对轴承构件的辐射噪声情况进行计算过程中,内圈辐射噪声也与传统模型相差最大,这里仅选取内圈辐射噪声进行代表性研究。

轴承型号仍选用 7009C,取滚动体个数为 $N=17$,其余结构参数与表 3.2 中相同。其球径差幅值为 0.02mm,各滚动体直径见表 2.4。

表 2.4 各滚动体球径取值

滚动体编号	球径/mm	滚动体编号	球径/mm	滚动体编号	球径/mm	滚动体编号	球径/mm
1	9.5087	6	9.4917	11	9.4947	16	9.4902
2	9.4917	7	9.5093	12	9.4908	17	9.5077
3	9.5012	8	9.5020	13	9.5044		
4	9.5004	9	9.4933	14	9.4951		
5	9.4953	10	9.5096	15	9.4926		

当轴承运转时,滚动体公转速度与保持架转速一致,而保持架转频可通过式(2.60)求出。由于滚动体球径差较小,在对 f_c 的计算中代入不同滚动体直径

得到的结果区分度不大,因此代入公称滚动体直径即可。对于传统钢制轴承,目前广泛认为轴承下方120°~240°区间为承载区间,如图2.24所示。

在式2.60中,承载区间内所有滚动体可视为均匀承载,即承载滚动体个数为 $N/3$。而当考虑滚动体球径差的影响时,承载滚动体数量仅可能为1、2或3,如图2.25所示。

图2.24　承载区间示意图

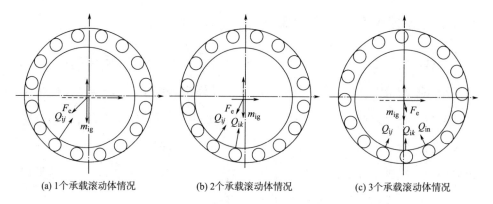

(a) 1个承载滚动体情况　　　(b) 2个承载滚动体情况　　　(c) 3个承载滚动体情况

图2.25　不同数量的承载滚动体示意图

当滚动体视为均载时,保持架带动滚动体公转时有 $N/3$ 个滚动体与内圈接触,特征频率为 f_c,因此当滚动体不均载时,单个承载滚动体情况对应的特征频率为:

$$f'_c = \frac{3f_c}{N} \qquad (2.60)$$

相应地,两个承载滚动体与三个承载滚动体对应的特征频率分别为 $2f'_c$ 与 $3f'_c$。这里选取轴承转速为9000r/min,则对应的转频 $f_r = 150$Hz,单个承载滚动体特征频率 $f'_c = 11.37$Hz。轴向预紧力设为500N,径向载荷为100N。频率分析区间为0~1000Hz,分析步长为2Hz,则考虑滚动体球径差的内圈振动速度计算结果如图2.26所示。

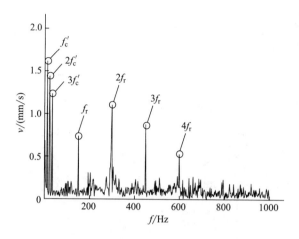

图 2.26　考虑滚动体球径差的内圈振动速度计算结果

由图 2.26 的计算结果可以看出,内圈振动速度主要与 f_r 与 f'_c 相关,其他频率成分表现不明显。与 f'_c 相关的频率成分幅值明显高于 f_r 对应的频率成分,说明不均匀承载特性对轴承套圈振动情况影响很大。f'_c 对应的成分幅值比 $2f'_c$ 与 $3f'_c$ 对应的频率成分大,说明单个承载滚动体情况出现频率更高,对内圈振动影响更大。在轴承转速对应的特征频率方面,可以看到比较明显的有 f_r、$2f_r$、$3f_r$ 与 $4f_r$,更高阶的表现不明显,而对承载滚动体接触频率而言,$3f'_c$ 以上的特征频率在结果中并未体现,这也从侧面证明了承载滚动体最多只能出现 3 个,而不存在 4 个的情况。为进一步研究各特征频率的变化规律,需要选取多组轴承运转速度,在各转速下轴承运转频率与承载滚动体接触频率取值见表 2.5。

表 2.5　不同转速下轴承运转频率与承载滚动体接触频率

轴承转速/(r/min)	f_r/Hz	f'_c/Hz
6000	100	7.58
9000	150	11.37
12000	200	15.16
15000	250	18.94
18000	300	22.73
21000	350	26.52

续表

轴承转速/(r/min)	f_r/Hz	f_c'/Hz
24000	400	30.31
27000	450	34.10

在不同转速下,对全陶瓷轴承内圈振动速度进行计算,并通过快速傅里叶变换(fast Fourier transform,FFT)获取其频域结果,各频域成分幅值变化情况如图 2.27 所示。

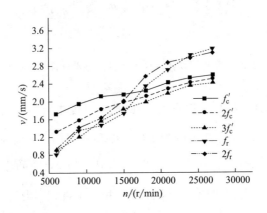

图 2.27　不同转速下各频域成分变化情况

由图 2.27 中计算结果可以看出,与 f_c' 和 f_r 相关的频率成分幅值随着轴承转速的上升均呈现递增趋势,转频相关频率幅值随着转速上升增长较快,在 15000r/min 附近有一个迅速增长的突变,而承载滚动体接触频率随转速上升增长较慢。随着转速的上升,滚动体与内圈之间的相互作用急剧增加,因此 f_r 与 $2f_r$ 频率成分呈现明显变化。20000r/min 以上的高转速下转频相关频率振动成分大于承载滚动体接触频率相关频率成分,而在 15000r/min 以下的转速下承载滚动体接触频率贡献较大。此外,随着转速的上升,f_c'、$2f_c'$、$3f_c'$ 对应的频率成分幅值差距逐渐减小,这表明当转速上升时,滚动体离心力增大,压缩变形量增大,因此多个承载滚动体出现的概率有增大趋势。根据子声源分解理论,求得全陶瓷轴承辐射噪声声压级随转速的变化趋势如图 2.28 所示。

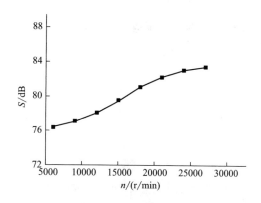

图 2.28　不同转速下轴承辐射噪声声压级变化情况

随着转速的不断上升,轴承辐射噪声呈逐渐增大的趋势,在 15000r/min 附近增速较快,达到 25000r/min 后变化趋势减缓,其变化趋势与图 2.27 中类似,变化速率介于图 2.27 中 f_r 与 f'_c 之间,证明全陶瓷轴承辐射噪声与内圈振动关系密切,同时受转频与承载滚动体接触频率成分的影响,其变化趋势随 f_r 与 f'_c 变化趋势的改变而改变。对于算法的计算精度问题,以及各结构参数与状态参量对轴承振动及辐射噪声的影响情况,需要通过实验与进一步变参分析进行研究。

2.5　状态监测理论的应用

随着工业 4.0 的发展,设备和机械的复杂性和智能化程度不断提高,同时也带来了更高的维护要求和挑战。为了保证设备和机械、高效可靠地运行,及时发现和处理故障,减少生产停机时间、维护成本和安全隐患,状态监测技术应运而生。状态监测是一种技术,它可以通过传感器获取设备和机械的特征信号,如油液信号、温度信号、声音信号以及振动信号,并利用各种检测、监视、分析和判别方法,对设备和机械的运行状态进行评估和诊断。状态监测可以帮助我们尽早发现故障的开始时间,并持续跟踪故障的演化过程[53],从而为基于状态维护的决策过程提供重要的参考依据。状态监测还可以根据不同的应用需求,选择不同的方法进行故障诊断的分析,并构建健康指标,以反映设备和机械的健康状况。然而,状态监测也面临着一些挑战,如数据质量、数据量、数据分析、数据安全等。为了克服这些挑战,需要不断地研究和创新状态监测的技术和方法。

在实际应用中,轴承转子系统的状态监测方法主要是通过对轴承的振动信号进行分析,提取特征量,判断轴承的工作状态和故障类型[54],机械零部件故障诊断技术是一种通过分析机械零部件的运行状态和故障特征,判断其是否存在故障以及故障类型和程度的技术。这种技术对于保证机械设备的安全、高效和经济运行具有重要意义。机械零部件故障诊断技术的研究起源于20世纪60年代,当时美国等发达国家的一些专家学者就开始了对该领域的探索和实践,并逐渐建立一些成熟的故障诊断体系和方法[55]。在此基础上,一些其他国家也进行了相关的研究和应用。例如,瑞典将故障诊断技术与滚动轴承旋转特性相结合,研制出了轴承故障诊断系统,有效地提高了轴承的使用寿命和可靠性[56]。日本作为亚洲的发达国家,也在很早就开始学习美国等西方国家的故障诊断技术,并提出了一些具有创新性和实用性的故障诊断思路[57]。我国在20世纪80年代开始对故障诊断技术进行研究,经过几十年的发展,逐渐从传统人工诊断向着智能诊断方向上发展,许多机械零部件的故障诊断技术日渐成熟,并在各个行业领域得到了广泛的应用。

在实际应用中,根据轴承转子系统的不同失效阶段,有着许多可用的状态监测方法。

(1)基于油液的分析方法。基于油液的轴承故障分析方法是指抽取轴承的润滑油液作为油样,分析油液中磨屑的形状、成分和浓度,判断磨屑产生的部位和轴承的损伤程度。该方法适用于油冷却和油润滑轴承,但也有一些局限性,比如,油液中的磨屑可能来自非轴承的其他部件,影响判断的准确性。油液分析法不能及时发现轴承的故障,需等到磨屑积累到一定程度才能检测出来。油液分析法需要专业的仪器和人员,成本较高。因此,此方法往往作为一种辅助的诊断手段。

(2)基于温度的状态监测方法。在轴承运转过程中,在不同的负载、转速以及摩擦等工况下,轴承的温度会发生变化。而这些因素所造成的温度变化往往与轴承的健康状态息息相关。温度状态监测法就是利用温度传感器,状态监测轴承的运行温度,判断轴承是否出现异常。温度状态监测法的优点是简单、直观、成本低,但也有一些缺点,如温度变化可能受到环境因素的影响,不一定反映轴承的真实状态,同时温度变化可能滞后于轴承的故障发生,导致无法及时预警,且温度变化难以定位轴承的具体故障部位和类型。

(3)声发射诊断法。声发射诊断法是指利用声发射传感器和声发射检测仪,在金属材料表面进行无损故障检测的一种方法。声发射信号的来源是轴承的撞击、摩擦和断裂所产生的冲击信号,对这些声音信号进行分析,可以判断轴承的损伤程度和故障位置。声发射技术对于轴承的早期故障极为敏感,并可以抑制低频信号的干扰,采集信噪比较高的高频信号。但是该方法所用设备较为昂贵,难以大范围推广使用。

(4)振动诊断法。振动诊断法是机械设备故障诊断中最常用的诊断方法之一。机械零部件的动力学特征都能够通过振动信号来表现,通过安装在轴承座或箱体内部的传感器,采集轴承的振动信号,再通过计算机软件处理分析得到的振动数据,进而确定产生故障的位置以及故障程度,振动诊断法有很多优于其他诊断方法的地方,如适用于多工况、多故障类型条件下的轴承诊断,能够在线状态监测和离线状态监测,诊断效率高,诊断结果可靠,因此被广泛应用。

(5)噪声诊断法。噪声诊断法与声发射诊断法不同,它所采取的声信号为轴承在运转过程中产生的噪声,主要由轴承振动产生。噪声信号通过麦克风等设备收集轴承振动的声音,通过计算机软件处理信号,通过分析可以判断轴承的工作状态和故障类型。噪声信号可以反映轴承的摩擦、碰撞、磨损等异常现象。噪声诊断法简单易行,但受环境噪声和主观判断的影响较大,通常信噪比也较低,噪声诊断的关键在于信号处理分析阶段。

不同的状态监测方法适用于不同的工况,考虑到研究对象及泛用性,从上述方法中选取振动诊断法与噪声诊断法进行主要研究。

参考文献

[1]MOAZEN AHMADI A,PETERSEN D,HOWARD C. A nonlinear dynamic vibration model of defective bearings—The importance of modelling the finite size of rolling elements[J]. Mechanical Systems and Signal Processing,2015,52/53:309-326.

[2]CAO M,XIAO J. A comprehensive dynamic model of double-row spherical roller bearing—Model development and case studies on surface defects,preloads,and radial clearance[J]. Mechanical Systems and Signal Processing,2008,22(2):467-489.

[3]SHAH D S,PATEL V N. A dynamic model for vibration studies of dry and lubricated deep groove ball bearings considering local defects on races[J]. Measurement,2019,137:535-555.

[4]SHAH D S,PATEL V N. Theoretical and experimental vibration studies of lubricated deep groove ball bearings having surface waviness on its races [J]. Measurement, 2018, 129: 405-423.

[5]LIU W T,ZHANG Y,FENG Z J,et al. A study on waviness induced vibration of ball bearings based on signal coherence theory [J]. Journal of Sound and Vibration, 2014, 333 (23): 6107-6120.

[6]BAI C Q,ZHANG H Y,XU Q Y. Subharmonic resonance of a symmetric ball bearing-rotor system[J]. International Journal of Non-Linear Mechanics,2013,50:1-10.

[7]BOVET C,ZAMPONI L. An approach for predicting the internal behaviour of ball bearings under high moment load[J]. Mechanism and Machine Theory,2016,101:1-22.

[8]JONES A B. A general theory for elastically constrained ball and radial roller bearings under arbitrary load and speed conditions[J]. Journal of Basic Engineering,1960,82(2):309-320.

[9]MAAMARI N,KREBS A,WEIKERT S,et al. Centrally fed orifice based active aerostatic bearing with quasi-infinite static stiffness and high servo compliance[J]. Tribology International,

2019,129:297-313.

[10]XU T,XU G H,ZHANG Q,et al. A preload analytical method for ball bearings utilising bearing skidding criterion[J]. Tribology International,2013,67:44-50.

[11]SHENG X,LI B Z,WU Z P,et al. Calculation of ball bearing speed-varying stiffness[J]. Mechanism and Machine Theory,2014,81:166-180.

[12]YUAN B,CHANG S,LIU G,et al. Quasi-static analysis based on generalized loaded static transmission error and dynamic investigation of wide-faced cylindrical geared rotor systems [J]. Mechanism and Machine Theory,2019,134:74-94.

[13]BAI C Q,XU Q Y. Dynamic model of ball bearings with internal clearance and waviness[J]. Journal of Sound and Vibration,2006,294(1/2):23-48.

[14]WANG W Z,HU L,ZHANG S G,et al. Modeling angular contact ball bearing without raceway control hypothesis[J]. Mechanism and Machine Theory,2014,82:154-172.

[15]ZHUANG F J,CHEN P H,ARTEIRO A,et al. Mesoscale modelling of damage in half-hole pin bearing composite laminate specimens[J]. Composite Structures,2019,214:191-213.

[16]YANG L H,XU T F,XU H L,et al. Mechanical behavior of double-row tapered roller bearing under combined external loads and angular misalignment[J]. International Journal of Mechanical Sciences,2018,142/143:561-574.

[17]YAN K,WANG N,ZHAI Q,et al. Theoretical and experimental investigation on the thermal characteristics of double-row tapered roller bearings of high speed locomotive[J]. International Journal of Heat and Mass Transfer,2015,84:1119-1130.

[18]ZHANG X,XU H,CHANG W,et al. Torque variations of ball bearings based on dynamic model with geometrical imperfections and operating conditions[J]. Tribology International,2019, 133:193-205.

[19]QIN Y,CAO F L,WANG Y,et al. Dynamics modelling for deep groove ball bearings with local faults based on coupled and segmented displacement excitation[J]. Journal of Sound and Vibration,2019,447:1-19.

[20]NIU L K,CAO H R,XIONG X Y. Dynamic modeling and vibration response simulations of angular contact ball bearings with ball defects considering the three-dimensional motion of balls [J]. Tribology International,2017,109:26-39.

［21］GUPTA P K. Dynamics of rolling-element bearings—Part Ⅲ：Ball bearing analysis［J］. Journal of Lubrication Technology,1979,101(3):312-318.

［22］GUPTA P K. Dynamics of rolling-element bearings—Part Ⅳ：Ball bearing results［J］. Journal of Lubrication Technology,1979,101(3):319-326.

［23］CUI Y C,DENG S E,NIU R J,et al. Vibration effect analysis of roller dynamic unbalance on the cage of high-speed cylindrical roller bearing［J］. Journal of Sound and Vibration,2018, 434:314-335.

［24］CUI Y C,DENG S E,ZHANG W H,et al. The impact of roller dynamic unbalance of high-speed cylindrical roller bearing on the cage nonlinear dynamic characteristics［J］. Mechanism and Machine Theory,2017,118:65-83.

［25］NIU L K,CAO H R,HE Z J,et al. An investigation on the occurrence of stable cage whirl motions in ball bearings based on dynamic simulations［J］. Tribology International,2016,103: 12-24.

［26］CHOE B,LEE J,JEON D,et al. Experimental study on dynamic behavior of ball bearing cage in cryogenic environments,Part I:Effects of cage guidance and pocket clearances［J］. Mechanical Systems and Signal Processing,2019,115:545-569.

［27］CHOE B,KWAK W,JEON D,et al. Experimental study on dynamic behavior of ball bearing cage in cryogenic environments,Part II:Effects of cage mass imbalance［J］. Mechanical Systems and Signal Processing,2019,116:25-39.

［28］MACHADO C,GUESSASMA M,BOURNY V. Electromechanical prediction of the regime of lubrication in ball bearings using Discrete Element Method［J］. Tribology International,2018, 127:69-83.

［29］XU Y F,ZHENG Q,ABUFLAHA R,et al. Influence of dimple shape on tribofilm formation and tribological properties of textured surfaces under full and starved lubrication［J］. Tribology International,2019,136:267-275.

［30］EBNER M,YILMAZ M,LOHNER T,et al. On the effect of starved lubrication on elastohydrodynamic (EHL) line contacts［J］. Tribology International,2018,118:515-523.

［31］LANIADO-JÁCOME E,MENESES-ALONSO J,DIAZ-LÓPEZ V. A study of sliding between rollers and races in a roller bearing with a numerical model for mechanical event simulations

[J]. Tribology International,2010,43(11):2175-2182.

[32]SINGH S,HOWARD C Q,HANSEN C H. An extensive review of vibration modelling of rolling element bearings with localised and extended defects[J]. Journal of Sound and Vibration, 2015,357:300-330.

[33]MASSI F,BOUSCHARAIN N,MILANA S,et al. Degradation of high loaded oscillating bearings:Numerical analysis and comparison with experimental observations[J]. Wear,2014,317 (1/2):141-152.

[34]WARDA B,CHUDZIK A. Effect of ring misalignment on the fatigue life of the radial cylindrical roller bearing[J]. International Journal of Mechanical Sciences,2016,111/112:1-11.

[35]MERMOZ E,FAGES D,ZAMPONI L,et al. New methodology to define roller geometry on power bearings[J]. CIRP Annals,2016,65(1):157-160.

[36]HU J B,WU W,WU M X,et al. Numerical investigation of the air-oil two-phase flow inside an oil-jet lubricated ball bearing[J]. International Journal of Heat and Mass Transfer,2014, 68:85-93.

[37]TKACZ E,KOZANECKI Z,KOZANECKA D. Numerical methods for theoretical analysis of foil bearing dynamics[J]. Mechanics Research Communications,2017,82:9-13.

[38]TOUMI M Y,MURER S,BOGARD F,et al. Numerical simulation and experimental comparison of flaw evolution on a bearing raceway:Case of thrust ball bearing[J]. Journal of Computational Design and Engineering,2018,5(4):427-434.

[39]MISHRA C,SAMANTARAY A K,CHAKRABORTY G. Ball bearing defect models:A study of simulated and experimental fault signatures[J]. Journal of Sound and Vibration,2017,400: 86-112.

[40]CABBOI A,PUTELAT T,WOODHOUSE J. The frequency response of dynamic friction:Enhanced rate-and-state models[J]. Journal of the Mechanics and Physics of Solids,2016,92: 210-236.

[41]KUMAR P,NARAYANAN S,GUPTA S. Stochastic bifurcation analysis of a duffing oscillator with coulomb friction excited by Poisson white noise[J]. Procedia Engineering,2016,144: 998-1006.

[42]涂文兵. 滚动轴承打滑动力学模型及振动噪声特征研究[D]. 重庆:重庆大学,2012.

[43]赵键,汪鸿振,朱物华. 边界元法计算已知振速封闭面的声辐射[J]. 声学学报,1989,14 (4):250-257.

[44]MEEHAN P A,LIU X G. Modelling and mitigation of wheel squeal noise under friction modifiers[J]. Journal of Sound and Vibration,2019,440:147-160.

[45]张军,兆文忠,张维英. 结构声辐射有限元/边界元法声学—结构灵敏度研究[J]. 振动工程学报,2005,18(3):366-370.

[46]李善德,黄其柏,张潜. 快速多极边界元方法在大规模声学问题中的应用[J]. 机械工程学报,2011,47(7):82-89.

[47]LIN C G,ZOU M S,CAN S M,et al. Friction-induced vibration and noise of marine stern tube bearings considering perturbations of the stochastic rough surface[J]. Tribology International, 2019,131:661-671.

[48]STOLARSKI T A,GAWARKIEWICZ R,TESCH K. Acoustic journal bearing-Performance under various load and speed conditions[J]. Tribology International,2016,102:297-304.

[49]BAI X T,WU Y H,ZHANG K,et al. Radiation noise of the bearing applied to the ceramic motorized spindle based on the sub-source decomposition method[J]. Journal of Sound and Vibration,2017,410:35-48.

[50]BAI X T,WU Y H,ROSCA I C,et al. Investigation on the effects of the ball diameter difference in the sound radiation of full ceramic bearings[J]. Journal of Sound and Vibration,2019, 450:231-250.

[51]TÄGER O,DANNEMANN M,HUFENBACH W A. Analytical study of the structural-dynamics and sound radiation of anisotropic multilayered fibre-reinforced composites[J]. Journal of Sound and Vibration,2015,342:57-74.

[52]ZHANG W H,DENG S E,CHEN G D,et al. Impact of lubricant traction coefficient on cage's dynamic characteristics in high-speed angular contact ball bearing[J]. Chinese Journal of Aeronautics,2017,30(2):827-835.

[53]YAN T T,WANG D,ZHENG M M,et al. Fisher's discriminant ratio based health indicator for locating informative frequency bands for machine performance degradation assessment[J]. Mechanical Systems and Signal Processing,2022,162:108053.

[54]DE AZEVEDO H D M,ARAÚJO A M,BOUCHONNEAU N. A review of wind turbine bearing

condition monitoring:State of the art and challenges[J]. Renewable and Sustainable Energy Reviews,2016,56:368-379.

[55]陆岚松. 机械故障诊断系统设计与研究[D].哈尔滨:哈尔滨工程大学,2011.

[56]毛映霞. 大型带式输送机全线监控与故障诊断策略的研究[D].合肥:合肥工业大学,2015.

[57]杨祥. 矿用胶带输送机监测监控及故障诊断系统的开发[D].太原:太原理工大学,2019.

第3章　全陶瓷球轴承非均匀
承载状态监测与诊断

3.1　滚动体非均匀承载理论

滚动轴承作为传动系统中的关键部件,全陶瓷轴承辐射噪声特性是其设计与使用过程中的一个重要指标。现有研究表明,陶瓷材料对于运转过程中产生的振动、吸收能力较差,声辐射效率较高,同工况下全陶瓷轴承的辐射噪声比同尺寸钢制轴承高10%以上,过大的辐射噪声不仅会阻碍工作转速的进一步提升,还将严重限制其在高静音要求领域内的应用[11-12]。针对全陶瓷轴承辐射噪声的研究能够揭示辐射噪声的产生与变化机理,对削弱辐射噪声,提升相关设备综合性能具有重要的参考价值。

目前,基于传统的赫兹接触—变形理论,参考文献[3]和[4]将钢轴承内外圈与滚动体之间视为面接触,参考文献[5]~[8]对轴承内外圈、滚动体、保持架等动态特性进行的研究比较完备,在传统钢轴承模型中,滚动体变形量大于球径差,承载区间内各滚动体可视为均载,可以忽略球径差对轴承动态特性的影响,然而全陶瓷轴承构件刚度较大,工作情况下滚动体径向变形量小于球径差,内外圈与滚动体接触区域极小,由球径差带来的内外圈与滚动体周向不充分接触对轴承振声特性产生较大影响,使得传统模型对于求解全陶瓷轴承振声特性精度较差。

在全陶瓷球轴承运行过程中,由于球径差的存在,其滚动体呈现不均匀承载特性,对其辐射噪声产生显著影响,但针对球径差对辐射噪声影响情况的量化分析,还需要进一步细化研究。本章拟在传统滚动轴承动力学模型基础上,考虑球径差的影响,建立更适用于全陶瓷轴承的动力学模型。

(1)考虑球径差对声辐射的影响,基于子声源分解理论对其辐射噪声特性进行求解;同时在此基础上对滚动体具有不同球径差时全陶瓷球轴承辐射噪声分布规律进行研究,分析其辐射噪声周向分布随球径差的变化规律。

(2)提出了一种基于动态模型的不均匀加载工况状态监测方法,通过基于模型的计算、信号采集和工况识别来实现状态监测。根据工作条件讨论了加载球的数量,并模拟了不同加载条件下球与环之间的接触,推导了特征频率。对内环的振动信号进行频域分析,以峰值频率幅值为指标。

3.2　球径差对陶瓷辐射噪声分布的影响

3.2.1　动力学模型的建立

全陶瓷轴承各构件间接触情况如图 3.1 所示,轴承外圈固定,内圈由转子驱动旋转,图中 $\{O;Y,Z\}$ 为固定坐标系,$\{O_i;Y_i,Z_i\}$ 为轴承内圈坐标系,$\{O_{bj};Y_{bj},Z_{bj}\}$ 为滚动体坐标系,O_{bj}、O_{bk}、O_{bm} 分别为滚动体 j、k、m 的几何中心。考虑球径差,则滚动体与内外圈有两种接触方式。滚动体 j、m 与内外圈均保持接触,称为承载滚动体,滚动体 k 直径较小,在离心力的作用下仅与外圈接触,称为非承载滚动体。

设滚动体 j 为承载滚动体,则有:

$$\overline{O_iO_{bj}} \leqslant R_i + l_i + r_i - \left(r_i - \frac{D_j}{2}\right)\cos\alpha_{ij} \tag{3.1}$$

式中,R_i 为轴承内圈内孔半径,l_i 为内圈最小厚度,r_i 为内圈滚道曲率半径,D_j 为滚动体 j 的球径,a_{ij} 为滚动体 j 与内圈接触角,$\overline{O_iO_{bj}}$ 为内圈几何中心与滚动体 j 几何中心连线在 YOZ 平面内投影长度,满足:

$$\overline{O_iO_{bj}} = \sqrt{e^2\cos^2(\phi_e - \phi_j) - e^2 + \overline{OO_{bj}}^2} - e\cos(\phi_e - \phi_j) \tag{3.2}$$

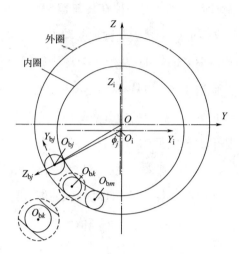

图 3.1　全陶瓷轴承各构件接触模型

式中,e 为内圈偏心距,ϕ_e 为偏心角,ϕ_j 为内圈坐标系下滚动体 j 相位角,$\overline{OO_{bj}}$ 为滚动体 j 几何中心到坐标系原点距离在 YOZ 平面内投影长度,可表示为:

$$\overline{OO_{bj}} = R_i + e\cos(\phi_e - \phi_j) + l_i + r_i - \left(r_i - \frac{D_j}{2}\right)\cos\alpha_{ij} \tag{3.3}$$

承载滚动体 j 在 $X_{bj}O_{bj}Z_{bj}$ 平面以及 $Y_{bj}O_{bj}Z_{bj}$ 平面内受力情况如图 3.2 所示。

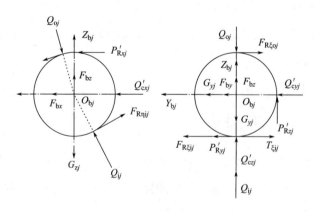

图 3.2　滚动体受力示意图

图 3.2 中，Q_{oj}、Q_{ij} 为内、外圈施加给滚动体 j 的压力，$F_{R\eta ij}$、$F_{R\eta oj}$、$F_{R\xi ij}$、$F_{R\xi oj}$ 为滚动体与内外圈之间摩擦力在 $X_iO_iZ_i$ 与 $Y_iO_iZ_i$ 平面内的分量，Q'_{cj}、P'_{Rj} 分别为滚动体与保持架之间挤压力与摩擦力在坐标系 $\{O_{bj}; X_{bj}, Y_{bj}, Z_{bj}\}$ 上的投影，$T_{\xi ij}$ 为内圈牵引力，G_{yj}、G_{zj} 为滚动体 j 重力在 $O_{bj}Y_{bj}$ 与 $O_{bj}Z_{bj}$ 轴上的投影。设滚动体总数为 N，承载滚动体数量为 M，则内圈动力学微分方程可表示为：

$$F_x + \sum_{j=1}^{M} \left(F_{R\eta ij}\cos\alpha_{ij} - Q_{ij}\sin\alpha_{ij} \right) = m_i\ddot{x}_i \tag{3.4}$$

$$F_y + \sum_{j=1}^{M} \left[\begin{array}{l} (Q_{ij}\cos\alpha_{ij} + F_{R\eta ij}\sin\alpha_{ij})\cos\phi_j \\ + (T_{\xi ij} - F_{R\xi ij})\sin\phi_j \end{array} \right] = m_i\ddot{y}_i \tag{3.5}$$

$$F_z + \sum_{j=1}^{M} \left[\begin{array}{l} (Q_{ij}\cos\alpha_{ij} + F_{R\eta ij}\sin\alpha_{ij})\sin\phi_j \\ - (T_{\xi ij} - F_{R\xi ij})\cos\phi_j \end{array} \right] = m_i\ddot{z}_i \tag{3.6}$$

$$M_y + \sum_{j=1}^{M} \left[r_{ij}(Q_{ij}\sin\alpha_{ij} - F_{R\eta ij}\cos\alpha_{ij})\sin\phi_j + \frac{D_j}{2}r_iT_{\xi ij}\sin\alpha_{ij}\cos\phi_j \right]$$
$$= I_{iy}\dot{\omega}_{iy} - (I_{iz} - I_{ix})\omega_{iz}\omega_{ix} \tag{3.7}$$

$$M_z + \sum_{j=1}^{M} \left[r_{ij}(Q_{ij}\sin\alpha_{ij} - F_{R\eta ij}\cos\alpha_{ij})\cos\phi_j - \frac{D_j}{2}r_iT_{\xi ij}\sin\alpha_{ij}\sin\phi_j \right]$$
$$= I_{iz}\dot{\omega}_{iz} - (I_{ix} - I_{iy})\omega_{ix}\omega_{iy} \tag{3.8}$$

F_x、F_y、F_z、M_y、M_z 为外部载荷，m_i 为内圈质量，$\ddot{x}_i$、$\ddot{y}_i$、$\ddot{z}_i$ 为内圈在内圈坐标系下的加速度，I_{ix}、I_{iy}、I_{iz} 为内圈转动惯量，ω_{ix}、ω_{iy}、ω_{iz} 为内圈角速度，$\dot{\omega}_{ix}$、$\dot{\omega}_{iy}$、$\dot{\omega}_{iz}$ 为相应角加速度，r_{ij} 为滚动体公转半径。承载滚动体与非承载滚动体均与保持架接触，保持架动力学微分方程可表示为：

$$\sum_{j=1}^{N} (Q_{cxj} + P_{R\eta j}) = m_c\ddot{x}_c \tag{3.9}$$

$$\sum_{j=1}^{N} (Q_{cyj} + P_{R\xi j}\cos\phi_j) + F_{cy} = m_c\ddot{y}_c \tag{3.10}$$

$$\sum_{j=1}^{N} (Q_{czj} + P_{R\xi j}\sin\phi_j) - F_{cz} = m_c\ddot{z}_c \tag{3.11}$$

$$\sum_{j=1}^{N} \left(P_{R\xi j} \cdot D_j/2 + \sqrt{Q_{cyj}^2 + Q_{czj}^2} \cdot d_m/2 \right) + M_{cx} = I_{cx}\dot{\omega}_{cx} - (I_{cy} - I_{cz})\omega_{cy}\omega_{cz}$$

$$(3.12)$$

$$\sum_{j=1}^{N} \left(P_{R\eta j} + Q_{cxj} \right) \cdot d_m \sin\phi_j/2 = I_{cy}\dot{\omega}_{cy} - (I_{cz} - I_{cx})\omega_{cz}\omega_{cx} \qquad (3.13)$$

$$\sum_{j=1}^{N} \left(P_{R\eta j} + Q_{cxj} \right) \cdot d_m \cos\phi_j/2 = I_{cz}\dot{\omega}_{cz} - (I_{cx} - I_{cy})\omega_{cx}\omega_{cy} \qquad (3.14)$$

式中，Q_{cj}、P_{Rj} 为滚动体与保持架之间挤压与摩擦力，m_c 为保持架质量，$\ddot{x}_c$、$\ddot{y}_c$、$\ddot{z}_c$ 为保持架加速度，ϕ_j 为保持架坐标系下滚动体方位角，F_{cy}、F_{cz}、M_{cx} 为外部载荷，I_{cx}、I_{cy}、I_{cz} 为保持架转动惯量，ω_{cx}、ω_{cy}、ω_{cz} 为保持架角速度，$\dot{\omega}_{cx}$、$\dot{\omega}_{cy}$、$\dot{\omega}_{cz}$ 为相应角加速度，d_m 为轴承节圆直径。对于满足式（3.1）的承载滚动体，有：

$$F_{bjx} + F_{R\eta oj}\cos\alpha_{oj} + Q_{ij}\sin\alpha_{ij} + Q'_{cxj} + P'_{Rxj}$$
$$- Q_{oj}\sin\alpha_{oj} - F_{R\eta ij}\cos\alpha_{ij} = m_{bj}\ddot{x}_{bj} \qquad (3.15)$$

$$F_{bjy} + G_{yj} + Q'_{cyj} + P'_{Ryj} + F_{R\xi ij} - F_{R\xi oj} - T_{R\xi ij} = m_{bj}\ddot{y}_{bj} \qquad (3.16)$$

$$F_{bjz} + Q'_{czj} + Q_{ij}\cos\alpha_{ij} + F_{R\eta ij}\sin\alpha_{ij} - Q_{oj}\cos\alpha_{oj}$$
$$- F_{R\eta oj}\sin\alpha_{oj} + P'_{Rzj} - G_{zj} = m_{bj}\ddot{z}_{bj} \qquad (3.17)$$

$$\left(T_{R\xi ij} + P'_{Rzj} - F_{R\xi oj} - P'_{Ryj} - F_{R\xi ij} \right) \cdot \frac{D_j}{2} = I_{bj}\dot{\omega}_{bxj} + J_{xj}\dot{\omega}_{xj} \qquad (3.18)$$

$$\left(F_{R\eta ij} + P'_{Rxj} + F_{R\eta oj} \right) \cdot \frac{D_j}{2} = I_{bj}\omega_{byj} + J_{yj}\omega_{yj} + I_{bj}\omega_{bzj}\dot{\theta}_{bj} \qquad (3.19)$$

$$\left(P'_{Ryj} + P'_{Rxj} \right) \cdot \frac{D_j}{2} = I_{bj}\omega_{bzj} - I_{bj}\omega_{yj}\dot{\theta}_{bj} + J_{zj}\dot{\omega}_{zj} \qquad (3.20)$$

式中，m_{bj} 为滚动体质量，a_{oj} 为滚动体与外圈接触角，$\ddot{x}_{bj}$、$\ddot{y}_{bj}$、$\ddot{z}_{bj}$ 为滚动体加速度，I_{bj} 为滚动体在 $\{O; Y, Z\}$ 坐标系下转动惯量，J_{xj}、J_{yj}、J_{zj} 为滚动体在 $\{O_{bj}$、X_{bj}、Y_{bj}、$Z_{bj}\}$ 坐标系下转动惯量，ω_{bxj}、ω_{byj}、ω_{bzj} 为滚动体公转角速度，ω_{xj}、ω_{yj}、ω_{zj} 为自转角速度，$\dot{\omega}_{xj}$、$\dot{\omega}_{yj}$、$\dot{\omega}_{zj}$ 为对应角加速度，$\dot{\theta}_{bj}$ 为滚动体在 YOZ 平面内公转角加速度。对于不满足式（3.1）的滚动体 k，视为滚动体与内圈不接触，Q_{ik}、$F_{R\eta ik}$、$F_{R\xi ik}$、$T_{\xi ik}$ 可忽略不计。

根据子声源分解理论,内圈、滚动体、保持架可分别视为子声源,全陶瓷轴承辐射噪声为各子声源辐射噪声叠加结果,可表示为:

$$p = a_i^T \cdot p_i + b_i^T \cdot v_{ni} + a_c^T \cdot p_c + b_c^T \cdot v_{nc} +$$
$$\sum_{j=1}^{M} (a_{bj}^T \cdot p_{bj} + b_{bj}^T \cdot v_{nbj}) + \sum_{k=1}^{N-M} (a_{bk}^T \cdot p_{bk} + b_{bk}^T \cdot v_{nbk}) \quad (3.21)$$

式中,p 是给定场点处轴承辐射声压,p_i、p_c、p_b 为内圈、保持架、滚动体表面声压向量,v_{ni}、v_{nc}、v_{nb} 为子声源表面法向振速向量,a、b 为与场点位置相关的参数向量。场点处声压级可通过下式求出:

$$L = 20 \lg \left(\frac{p}{p_{ref}} \right) \quad (3.22)$$

式中,$p_{ref} = 2 \times 10^{-5} \text{Pa}$,为参考声压。

首先对球径差的幅值进行分析,球径差的幅值是指滚动体在制造过程中的误差允许范围的最大球径与最小球径之差。由于全陶瓷轴承采用热等静压净近成型工艺制成,在由毛坯制作成型滚动体的过程采用研磨工艺制作,因此制造过程中不可避免地存在尺寸偏差。假定各滚动体形状为正球体,型心与质心重合,即 $m_{bj} = \rho \pi \dfrac{D_j^3}{6}$,其中,$\rho$ 是滚动体材料密度,全陶瓷轴承无干扰运转,润滑良好。

根据国家标准《陶瓷球轴承　氮化硅球》(GB/T 31703—2015),选取 G100 精度陶瓷球进行计算,设表 3.1 中球径差幅值 5μm 为对称区域,即滚动体球径在公称直径两侧波动,波动范围为 9.5mm±2.5μm,将滚动体编号设为 1~15,顺时针排列,滚动体球径满足:

表 3.1　全陶瓷轴承主要参数

参数	取值
轴承外径/mm	75
初始接触角/(°)	15
保持架孔径/mm	10
轴承内径/mm	45

参数	取值
滚动体公称直径/mm	9.5
球径差幅值/μm	5
滚动体个数/个	15
轴承宽度/mm	16
陶瓷材料密度/(g/cm³)	2.7

$$D_j = D_n + A_j \cdot \delta \tag{3.23}$$

式中，D_n 为滚动体公称直径，A_j 为第 j 个滚动体对应的球径系数，取值范围为 $[-0.5, 0.5]$，δ 为球径差幅值，各滚动体对应球径系数取值见表 3.2。

表 3.2　各滚动体直径分布

滚动体编号 j	球径系数 A_j	滚动体编号 j	球径系数 A_j
1	0.486	9	0.322
2	-0.458	10	0.105
3	0.042	11	-0.148
4	0.406	12	-0.317
5	0.033	13	0.260
6	0.123	14	-0.123
7	-0.445	15	0.149
8	-0.132		

假定轴承空载运行，所受外载荷仅有轴向预紧力 $F_x = 300\text{N}$。单个测点处声压级测量结果包含信息过少，不能全面反映轴承辐射噪声特性，因此采用环形场点阵列进行研究。辐射噪声场点位于与轴承轴线垂直，与轴承端面最小距离为 100mm 的平面上，呈等间距环形布置，直径为 460mm。轴承轴线呈水平方向，设轴承正上方为 0°，测点顺时针排列，间距为 12°，如图 3.3 所示。

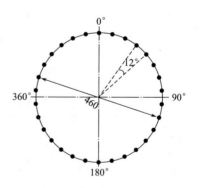

图 3.3　声辐射场点布置

轴承旋转方向与测点方位角增加方向相同,运转速度设为 15000r/min 与 30000r/min,忽略转速波动的影响,两种方法计算结果对比如图 3.4 所示。

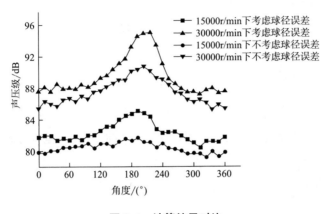

图 3.4　计算结果对比

由图 3.4 可以看出,考虑球径差的声压级计算结果普遍大于不考虑球径差的声压级计算结果,且差异随转速升高而增大。这是由于考虑球径差后,球径较大的滚动体与套圈接触概率大于球径较小的滚动体,承载滚动体个数减少,承载滚动体与内外圈挤压、摩擦作用明显,辐射噪声幅值增大。考虑球径差的辐射噪声计算结果在周向方向上变化较大,而不考虑球径差的辐射噪声结果变化不明显,球径差对全陶瓷轴承运行状态影响较大,使其辐射噪声在周向呈明显指向性,这表明轴承构件间相互作用力分布不均匀,局部摩擦、撞击明显,长期演化必将影响轴承服役性能与剩余寿命。因此,需要结合实验手段验证考虑球径差的理论模型的正确性,并对辐射噪声周向分布随球径差的变化趋势进行研究。

3.2.2　转速对辐射噪声分布的影响

由图 3.4 可知,全陶瓷轴承辐射噪声特性在不同转速下有所差异,具体表现为,周向声压级变化幅度与最大声压级角度。图 3.5 所示为不同转速下全陶瓷轴承辐射噪声计算结果,预紧力设为 300N,轴承转速 n 分别取 15000r/min、20000r/min、25000r/min 与 30000r/min。场点平面与轴承端面距离 100mm,周向布置与图 3.3 一致。

如图 3.5 所示,全陶瓷轴承辐射噪声随转速上升而增大,辐射噪声周向分布由低转速下相对均匀变为高转速下呈现明显指向性,最大幅值方位角随着转速上升有增大的趋势。可以看出,轴承转速对整体噪声水平及周向分布均有重大影响,随着转速上升,各点声压级均有所增长,但增长幅度有所差异,在最大幅值方位角上尤为明显。这是由于随着转速上升,轴承构件间摩擦、撞击加剧,球径差的存在使承载滚动体的受力变化更为明显,而非承载滚动体受力较小,对应方位辐射噪声变化不明显,从而使辐射噪声周向分布差异逐渐增大,辐射噪声指向性增强。根据子声源分解理论,辐射噪声周向分布与承载滚动体位置有关,转速上升时滚动体受切向分力增大,承载滚动体位置有向转动方向偏移的趋势,因此辐射噪声最大幅值方位角随之增大。

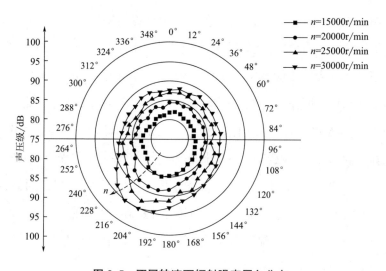

图 3.5　不同转速下辐射噪声周向分布

3.2.3　球径差幅值对同尺寸轴承辐射噪声的影响

由于球径差的存在,承载区间内各滚动体承载情况出现了差异。当球径差不同时,各滚动体承载情况也会随之改变,进而影响辐射噪声分布情况。根据国家标准《陶瓷球轴承　氮化硅球》（GB/T 31703—2015），分别取不同滚动体尺寸精度 G10、G20、G40 与 G100，对应滚动体球径差 d 为 0.5μm、1.0μm、2.0μm 与 5.0μm，球径系数仍与表 3.2 中一致。其余轴承结构参数不变，工作转速为 30000r/min，预紧力为 $F_x = 300N$，忽略径向载荷与转速波动等因素对轴承振动的影响，则取不同球径差幅值时全陶瓷轴承辐射噪声周向分布如图 3.6 所示。场点平面与轴承端面距离 100mm，周向布置与图 3.3 一致。

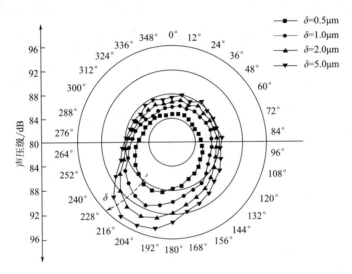

图 3.6　不同球径差幅值下轴承辐射噪声周向分布

由式（3.23）与表 3.2 可知，当球径差幅值增大时，相邻滚动体球径差随之增加；由式（3.1）~式（3.3）可知，滚动体球径差增大会导致直径较大的滚动体承载时间更长，承载滚动体与轴承套圈之间摩擦加剧，因此辐射噪声增大。相比而言，承载滚动体与套圈相互作用受球径差幅值影响大于非承载滚动体，因此在承载区间内辐射噪声变化幅度大于非承载区间内辐射噪声变化幅度，辐射噪声指向性趋于明显。由于各滚动体直径为等比例变化，因而承载滚动体位置未发生变化，轴承辐射噪声周向最大值对应方位角不变。此外，从图 3.6 中可以看出，当球径差幅值从 0.5μm 增加到 1.0μm 时，辐射噪声变化明显，而当球径差幅值继续增加时，辐射噪声变化幅度呈现递减趋势。这说明，球径差幅值可以在一定范围内改变滚动体承载情况,当承载情况由均载转为非均载时,其噪声特性变化较大,而当球径差幅值进一步增大时,滚动体非均载特性变化较小,只是承载滚动体与轴承套圈接触区域增大,轴承辐射噪声特性变化较小。

3.2.4 球径差幅值比对不同尺寸轴承辐射噪声的影响

将球径差幅值 δ 固定为 $5\mu m$,各滚动体直径球径系数与表 3.2 中所示一致。改变轴承直径,探究球径差对不同尺寸轴承辐射噪声的影响,分别选取 7009C、7008C、7007C 三种轴承,其结构参数见表 3.3。

表 3.3 不同轴承结构参数

参数	7009C	7008C	7007C
轴承外径/mm	75	68	62
初始接触角/(°)	15	15	15
保持架孔径/mm	10	9.2	8.4
轴承内径/mm	45	40	35
滚动体公称直径/mm	9.5	8.7	7.9
球径差幅值/μm	5	5	5
球径差幅值比/×10^{-3}	4.21	4.60	5.06
滚动体个数/个	15	15	15
轴承宽度/mm	16	15	14

定义球径差幅值比 $\Delta = \dfrac{\delta}{D_n}$,$D_n$ 为滚动体公称直径,则当球径差幅值一定时,球径差幅值比随滚动体公称直径减小而增大。轴承预紧力选为 $F_x = 300N$,转速为 $n = 30000 r/min$,忽略径向载荷与转速波动等因素影响,三组轴承辐射噪声周向分布结果如图 3.7 所示。场点平面与轴承端面距离 100mm,周向布置与图 3.3 一致。

从图 3.7 中可以看出,当球径差幅值保持不变,而球径差幅值比增大时,全陶瓷轴承辐射噪声总体呈现减小趋势,这是由于当轴承内径减小时,滚动体的公转直径也随之减小,在角速度保持不变的条件下滚动体与轴承套圈接触位置

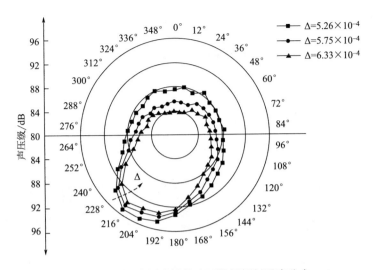

图 3.7　不同球径差幅值比下轴承辐射噪声分布

线速度减小,作用在滚动体与轴承套圈上的摩擦力矩减小,因而产生的振动与辐射噪声幅值也随之减小。然而,从辐射噪声的周向分布来看,辐射噪声在非承载区间内变化较大,而在承载区间内变化较小,导致辐射噪声指向性增强,这一点与球径差幅值对轴承辐射噪声的影响情况不同。这是由于随着轴承尺寸减小,轴承构件之间作用力减小,承载滚动体变形量缩小,而球径差幅值不变,相邻滚动体之间球径差相对于自身球径呈增大趋势,使得轴承运转过程中承载滚动体个数减少,承载滚动体与套圈接触区域增大,因此辐射噪声在承载区间内变化幅度不明显,辐射噪声周向分布差异增大,指向性增强。

3.3　滚动体非均匀承载状态监测与诊断

3.3.1　非均匀承载造成的频率偏差

由于轴承间隙的存在,滚珠与套圈之间的接触存在差异,有些球与内外圈接触,有些则不接触。如图 3.8 所示,与内外圈接触的球同时承载载荷,视为加载球,其他球不与内圈接触视为未加载球。未加载的球被认为是沿外圈滚道运动,内圈仅由加载的球支撑。内圈的动力学可以表示为：

$$F_{\mathrm{a}} + \sum_{j=1}^{M} \left(F_{\mathrm{R}\eta ij}\cos\alpha_{ij} - Q_{y}\sin\alpha_{y} \right) = m_{\mathrm{i}}\ddot{x}_{\mathrm{i}} \tag{3.24}$$

$$-F_{\mathrm{e}}\sin\phi_{\mathrm{e}} + \sum_{j=1}^{M} \left[\left(Q_{ij}\cos\alpha_{ij} + F_{\mathrm{R}\eta ij}\sin\alpha_{ij} \right)\sin\phi_{j} \right. \\ \left. + \left(T_{\xi ij} - F_{\mathrm{R}\xi ij} \right)\cos\phi_{j} \right] = m_{\mathrm{i}}\ddot{y}_{\mathrm{i}} \tag{3.25}$$

$$-m_{\mathrm{i}}g - F_{\mathrm{r}} - F_{\mathrm{e}}\cos\phi_{\mathrm{e}} + \sum_{j=1}^{M} \left[\left(Q_{ij}\cos\alpha_{ij} + F_{\mathrm{R}\eta ij}\sin\alpha_{ij} \right)\cos\phi_{j} \right. \\ \left. - \left(T_{\xi ij} - F_{\mathrm{R}\xi ij} \right)\sin\phi_{j} \right] = m_{\mathrm{i}}\ddot{z}_{\mathrm{i}} \tag{3.26}$$

$$M_{y} + \sum_{j=1}^{M} \left[r_{ij} \left(Q_{ij}\sin\alpha_{ij} - F_{\mathrm{R}\eta ij}\cos\alpha_{ij} \right)\sin\varphi_{j} + \frac{D_{j}}{2}r_{\mathrm{i}}T_{\xi ij}\sin\alpha_{ij}\cos\phi_{j} \right] \\ = I_{iy}\dot{\omega}_{iy} - \left(I_{iz} - I_{ix} \right)\omega_{iz}\omega_{ix} \tag{3.27}$$

$$M_{z} + \sum_{j=1}^{M} \left[r_{ij} \left(Q_{ij}\sin\alpha_{ij} - F_{\mathrm{R}\eta ij}\cos\alpha_{ij} \right)\cos\varphi_{j} - \frac{D_{j}}{2}r_{\mathrm{i}}T_{\xi ij}\sin\alpha_{ij}\sin\phi_{j} \right] \\ = I_{iz}\dot{\omega}_{iz} - \left(I_{ix} - I_{iy} \right)\omega_{ix}\omega_{iy} \tag{3.28}$$

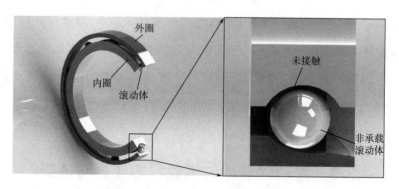

外圈
内圈
滚动体
未接触
非承载
滚动体

图 3.8　球和滚道之间的接触差异

在传统的基于钢轴承的模型中,球被认为在一个特定的区域内均匀地承载载荷,该区域被定义为载荷区。根据前人的结果[9-10],载荷区覆盖轴承 1/3 对称下部,如图 3.9 所示,而加载区的所有球都可以看作加载球。设 N 表示加载球的个数,对于偶数加载条件,$N=M/3$。

假定内圈和外圈滚道的形状为纯圆,忽略环和球的形状误差。球与保持架做轨道运动,保持架 f_c 的旋转频率可以表示为:

$$f_c = \frac{f_r}{2} \cdot \left(1 - \frac{D_n}{d_m} \cdot \cos\alpha_{ij}\right) \qquad (3.29)$$

式中, f_r 为与转速有关的旋转频率, D_n 为标称球径。在均匀加载条件下,旋转频率 f_c 为振动信号的主要频率成分之一,可以在振动信号中识别。

图 3.9　载荷区示意图

全陶瓷轴承在乏油润滑下工作时,油膜厚度不足以填满所有滚珠与内圈之间的间隙,由于滚珠直径差异,加载情况变得不均匀。由于轴承的陶瓷圈和陶瓷球具有很高的刚度,所以内圈在与加载球接触区域的变形很小,内圈与加载球接触区域的变形可以看作是独立的。在乏油润滑条件下,球和环表面的油膜非常薄,在考虑球的加载条件时忽略了油膜的厚度。根据几何整合原理, N 只能是 1、2、3,在图 3.10 中分别给出了 $N = 1$、2、3 的加载条件。

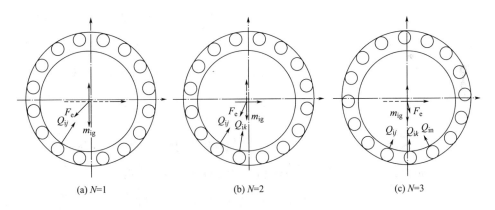

(a) $N=1$　　　　(b) $N=2$　　　　(c) $N=3$

图 3.10　不同加载条件

本节介绍的全陶瓷球轴承型号为 7009C,转速为 9000r/min,轴向预紧力为 500N。在乏油润滑条件下,油膜对滚珠运动的影响很小,润滑油的流体动力和黏性力不受影响。计算了不均匀加载情况与均匀加载情况的比较。假设不均匀加载条件只影响加载球的个数,对球的轨道运动没有影响。轴承设置为 1 个加载球、2 个加载球、3 个加载球运行,式(3.24)~式(3.28)中球数 M 分别取为 1、2 和 3。然后在图 3.11 中给出了不同加载球数下内环的径向速度。

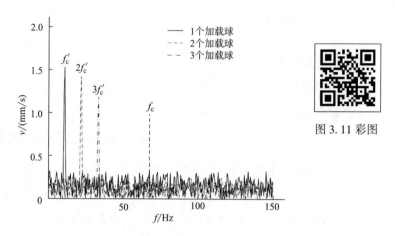

图 3.11 彩图

图 3.11　不同数量加载球的振动结果

如图 3.11 所示,当加载条件改变时,振动结果有明显的峰值,但频率分量与 f_c 不一致。峰值频率与加载球的数量成正比,其差异来自球与内圈的接触情况。在均匀加载条件下,加载球数可视为 $M/3$。然而,当涉及只有一个装球的情况时,与内圈接触的球数变为 1。则加载球与内圈接触的特征频率变为:

$$f'_c = \frac{3f_c}{M} \tag{3.30}$$

当加载球数变为 2 和 3 时,相应的特征频率分别为 $2f'_c$ 和 $3f'_c$。然后我们要检查加载条件,以确定加载球的数量和位置。对于任意球 j,有:

$$\cos(\phi_j - \phi_e) = \frac{e^2 + (R_o - D_j/2)^2 - \overline{O_iO_{bj}}^2}{2e \cdot (R_o - D_j/2)} \tag{3.31}$$

式中,$\overline{O_iO_{bj}}$ 是 O_i 和 O_{bj} 之间的距离在平面 YOZ 中的投影长度。当第 j 个球变成有负荷的球时,有:

$$\overline{O_iO_{bj}} \leqslant R_i + D_j/2 \tag{3.32}$$

因此,在给定的 ϕ_j 和 ϕ_e 处存在一个极限直径 D_{jlim},该极限直径可以通过式(3.31)和式(3.32)得到：

$$D_{jlim} = \frac{e^2 + R_o^2 - R_i^2 - 2eR_o\cos(\phi_j - \phi_e)}{R_i + R_o - e\cos(\phi_j - \phi_e)} \tag{3.33}$$

当 $D_j \geq D_{jlim}$ 时，第 j 个球可以被视为一个加载的球。式(3.24)~式(3.28)中的参数 M 表示加载球的总数，应该用 N 代替，其中 N 表示加载球的数目。由此可以得出，在不均匀加载条件下，接触情况发生变化，作用在内圈上的力也随加载条件的变化而变化。如图 3.11 所示，f'_e 的振幅最大，$2f'_e$ 的振幅大于 $3f'_e$。结果表明，随着加载球数的减少，内圈振动趋于剧烈，不均匀加载状态也更加明显。因此，可以通过与 f'_e 相关的频率分量的变化来状态监测非均匀加载状态。

3.3.2　非均匀承载现象状态监测与诊断

非均匀加载状态的状态监测是通过振动信号频率特性的比较来实现的，分 3 步进行。在图 3.12 中给出了状态监测的流程图。

步骤 1：基于模型的计算。首先进行仿真步骤，对全陶瓷球轴承的性能进行预测。通过输入结构参数和工况参数，准确地确定球环之间的接触情况。然后计算接触力，确定加载球的数量和位置。均匀加载和不均匀加载条件的区别在于作用在内圈上的力，内圈的动态特性随加载条件的变化而变化。内圈的振动通过式(3.24)~式(3.28)用 M 代 N 得到，并提取主要频率分量作进一步分析。

步骤 2：信号采集。根据上节建立的模型，非均匀加载条件对内圈有较大影响，外圈受力差异不明显。内圈振动的不均匀加载特性更为明显，来自内圈或轴的振动信号对状态监测的帮助更大。结果，布置传感器以收集内圈的振动，并将数据导出以进行处理。

步骤 3：条件识别。根据步骤 1 和步骤 2 的结果进行条件识别。在该模型中得到了 f'_e，快速傅里叶变换对于在频域内洞察振动信号是非常必要的。从信号中提取出 f'_e、$2f'_e$、$3f'_e$ 的频率分量，并分析频率分量的变化规律。结果表明，频率分量的幅值随加载球数的不同而变化，并随工况的变化而变化。不同频率分

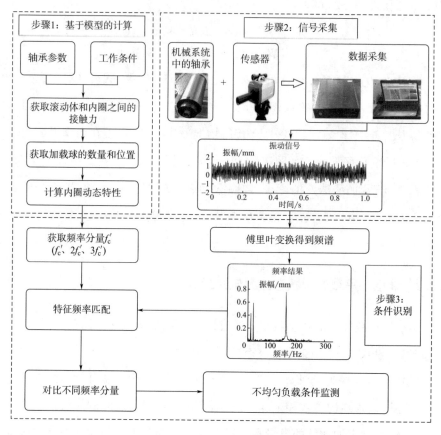

图 3.12   非均匀承载状态监测流程图

量的振幅变化可以揭示非均匀加载条件。

在信号处理中,步骤 1 计算的特征频率是非常必要的,需要作为先决条件获得。然后可以按顺序执行步骤,从步骤 1 到步骤 3。步骤 2 和步骤 3 中振幅的单位是毫米,在实践中,该单位也可以是毫米/秒或毫米/平方秒,因为峰值频率在信号处理中保持不变。通过峰值频率的位置可以状态监测非均匀加载情况,频率分量的绝对振幅并不重要。

在实际工况下,内圈振动信号中存在 f'_c、$2f'_c$、$3f'_c$ 频率分量,需要通过频率分量幅值的比较来状态监测加载情况。全陶瓷轴承中的球按顺时针方向编号,如图 3.13 所示,滚动体的直径差异被考虑在内,其直径见表 3.4。

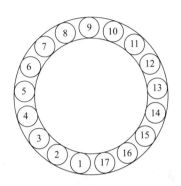

图 3.13　全陶瓷轴承滚动体数量

表 3.4　模拟结果中球的直径

球序号	直径/mm	球序号	直径/mm	球序号	直径/mm	球序号	直径/mm
1	9.4793	6	9.5160	11	9.5000	16	9.5031
2	9.4762	7	9.5280	12	9.4920	17	9.4914
3	9.4715	8	9.5092	13	9.4827		
4	9.5114	9	9.5108	14	9.5260		
5	9.4727	10	9.5138	15	9.4981		

　　轴承转速为 9000r/min,轴向预紧力为 500N。内圈速度分析的频率范围为 0～150Hz,分析步长为 0.5Hz。图 3.14 给出了频域计算结果。

　　如图 3.14 所示,在频域结果中可以识别出 f'_c、$2f'_c$ 和 $3f'_c$ 的频率分量。与图 3.11 相比,特征频率幅值之间的间隙增大。图 3.11 中的结果分别是当加载球的数量为 1、2 和 3 时获得的,并且每种加载条件的加载时间相等。由此可以推断,当加载 1 个、2 个和 3 个钢球的加载时间相等时,不同特征频率的幅值比与图 3.11 相似。在图 3.11 中振幅比 $v(f'_c):v(3f'_c)$ 约为 1.30,在图 3.14 中达到 1.65。结果表明,仿真算例中各加载条件之间存在着不均匀性,加载球数越少的加载条件出现的频率越高。结果表明,轴承长期在单球或双球载荷下运行,不均匀载荷对内圈振动有显著影响。

　　在全陶瓷球轴承的动力学模型中考虑球径差后,其特征频率由 f_c 变为 f'_c、$2f'_c$ 和 $3f'_c$。推导了独立载荷条件下各频率分量的标准幅值,并以 f'_c 和 $3f'_c$ 幅值

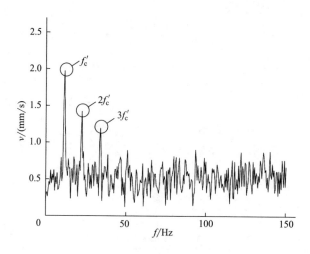

图 3.14   频域结果

之比为指标。将实际信号的比率与标准模型进行比较,可以评估和状态监测不均匀负载状况。如理想模型所示,载荷条件是分开计算的,f_c' 和 $3f_c'$ 之间的振幅比约为 1.30。当振动信号中的比率大于标准比率时,意味着具有较少负载滚珠的负载情况更频繁地发生,并且不均匀负载情况变得更明显。另外,当信号中的比率小于标准比率时,表示轴承在大部分时间中以更多的负载滚珠运行,并且不均匀负载状况变得不明显。

参考文献

[1]李颂华,吴玉厚.高速无内圈式陶瓷电主轴设计开发与实验研究[J].大连理工大学学报,2013,53(2):214-220.

[2]张珂,佟俊,吴玉厚,等.陶瓷轴承电主轴的模态分析及其动态性能实验[J].沈阳建筑大学学报(自然科学版),2008,24(3):490-493.

[3]温保岗,韩清凯,乔留春,等.保持架间隙对角接触球轴承保持架磨损的影响研究[J].振动与冲击,2018,37(23):9-14.

［4］WANG W Z,HU L,ZHANG S G,et al. Modeling angular contact ball bearing without raceway control hypothesis［J］. Mechanism and Machine Theory,2014,82:154-172.

［5］WANG A Y,MO J L,WANG X C,et al. Effect of surface roughness on friction-induced noise: Exploring the generation of squeal at sliding friction interface［J］. Wear, 2018, 402/403: 80-90.

［6］WANG Y L,WANG W Z,ZHANG S G,et al. Effects of raceway surface roughness in an angular contact ball bearing［J］. Mechanism and Machine Theory,2018,121:198-212.

［7］曹宏瑞,李亚敏,何正嘉,等. 高速滚动轴承-转子系统时变轴承刚度及振动响应分析［J］.机械工程学报,2014,50(15):73-81.

［8］KERST S,SHYROKAU B,HOLWEG E. A semi-analytical bearing model considering outer race flexibility for model based bearing load monitoring［J］. Mechanical Systems and Signal Processing,2018,104:384-397.

［9］LI X,YU K,MA H,et al. Analysis of varying contact angles and load distributions in defective angular contact ball bearing［J］. Engineering Failure Analysis,2018,91:449-464.

［10］LIU J,TANG C K,WU H,et al. An analytical calculation method of the load distribution and stiffness of an angular contact ball bearing［J］. Mechanism and Machine Theory, 2019, 142:103597.

第4章 外圈故障定位状态监测与诊断

对于轴承的故障位置识别,其具有以下意义:一是,轴承外圈的故障位置越靠近负载中心,故障扩展越快,从而导致轴承的剩余寿命越短。二是,不同位置的故障对应不同的故障原因。因此,轴承外圈的故障位置识别在滚珠轴承的故障消除、故障原因分析以及剩余寿命分析中具有重要作用。三是,外圈剥落的识别和定位有助于状态监测混合陶瓷球轴承的运行状态,对健康管理具有重要意义。近十年来,在轴承故障诊断的研究中,剥落识别与定位方法受到很多研究者的关注,主要方法有深度学习[1-2]、声发射(AE)方法[3-4]和振动信号分析[5-7]。

4.1 基于声音信号的混合陶瓷球轴承外圈剥落定位

剥落是混合陶瓷轴承的主要缺陷之一,基于传统振动信号难以实现剥落的定位和声辐射信号的特征,提出了一种新型的混合陶瓷球轴承外圈剥落定位方法,建立了包含剥落的动力学模型,通过子源分解法得到了声辐射。轴承在剥落作用下的接触模型如图 4.1 所示,保持架在这里没有显示。

在图 4.1 中,位置用坐标系 $\{O; X, Y, Z\}$,ϕ_j 为第 j 个球的方位角。$F_{R\xi ij}$ 和 $F_{R\eta ij}$ 分别表示第 j 个球在 YOZ 和 XOZ 平面上与内环之间的摩擦力,$F_{R\xi oj}$ 和 $F_{R\eta oj}$ 分别表示第 j 个球与外环之间的摩擦。Q_{ij} 为内环与第 j 个球的接触压力,Q_{oj} 为外环与第 j 个球的接触压力。外圈放置在底座上,内圈随轴旋转。$T_{\xi ij}$ 表示内环的牵引力。k_{ox}、k_{oy}、k_{oz} 分别为支座在 OX、OY、OZ 方向上的接触刚度,

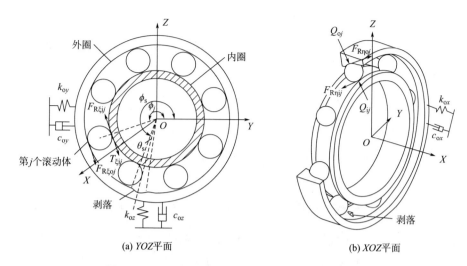

(a) *YOZ*平面　　　　　　　　　　　(b) *XOZ*平面

图 4.1　*YOZ* 平面与 *XOZ* 平面单元之间的接触模型

c_{ox}、c_{oz}、c_{oy} 分别为阻尼系数。剥落位置为 ϕ_s 的方位角,剥落宽度为 θ_s。

此处将剥落的形状视为具有弧形截面的空心,球以图 4.2 所示的方式穿过剥落区域。当确定剥落位置后,球的运动可分为五个阶段。

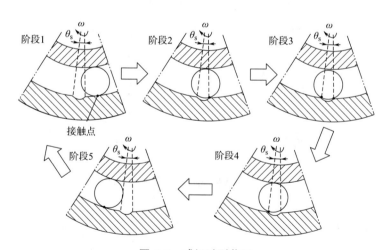

图 4.2　球经过剥落区

阶段 1:进入剥落区前,$\phi_j > \phi_s + \theta_s/2$,球与环的接触不受剥落的影响。

阶段 2:球开始进入剥落区,$\phi_s < \phi_j < \phi_s + \theta_s/2$,轴承中心到球中心之间的距离

增加,球与内圈脱离接触。对于阶段2的球,接触力 Q_{ij} 可以忽略。

阶段3:球到达极限位置,$\phi_j=\phi_s$,这里剥落的半径应该小于球的半径,球不能到达剥落的底部。当球到达第3阶段的位置时,在外圈上加一个冲击力 F'_j。

阶段4:球通过最低点,并开始走出剥落区域。在 $\phi_s-\theta_s/2<\phi_j<\phi_s+\theta_s/2$ 的角度区间内,第 j 个球未与内环接触。

阶段5:球从剥落处出来,球将沿圆周运动,直到再次到达剥落处,如阶段1所示。

一般情况下,当球通过剥落区域时,作用在内环和外环上的力发生了变化。对于内环,剥落区已不存在力 Q_{ij},需要在 $\phi_s-\theta_s/2<\phi_j<\phi_s+\theta_s/2$ 期间将球数 N 修正为 $(N-1)$。对于外环,第3阶段球到达极限位置 $\theta_j=\theta_s$ 时的冲击力如图 4.3 所示。

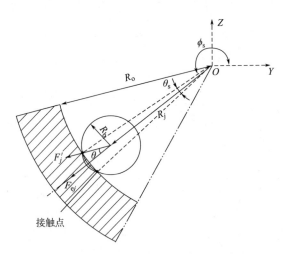

图 4.3 作用在剥落区域外环上的力

图 4.3 中 R_o 为外圈内孔半径,R_b 为球半径。F_{ej} 为第 j 个球的离心力,可表示为:

$$F_{ej} = m_j\omega^2 R_j \tag{4.1}$$

式中,m_j 为第 j 个球的质量,ω 为轴承的角速度,R_j 为剥落区域的旋转半径,可表示为:

$$R_j = R_o \cdot \cos\frac{\theta_s}{2} - \sqrt{R_b^2 - \left(R_o \cdot \sin\frac{\theta_s}{2}\right)^2} \tag{4.2}$$

并且 F_j' 与 F_{ej} 的关系为:

$$F_j' = F_{ej} \cdot \cos\theta = F_{ej} \cdot \frac{\sqrt{R_b^2 - \left(R_o \cdot \sin\frac{\theta_s}{2}\right)}}{R_b} \tag{4.3}$$

因此,当考虑球体通过剥落区域的冲击力时,外圈的动力学方程发生如下变化:

$$\sum_{j=1}^{N} \left[(F_{R\eta oj}\sin\alpha_{oj} + Q_{oj}\cos\alpha_{oj})\cos\phi_j - F_{R\xi oj}\sin\phi_j + F_j'\cos(\phi_s - \theta) \right]$$
$$- k_{oy}y_o - c_{oy}\dot{y}_o = m_o\ddot{y}_o \tag{4.4}$$

$$\sum_{j=1}^{N} \left[(F_{R\eta oj}\sin\alpha_{oj} + Q_{oj}\cos\alpha_{oj})\sin\phi_j + F_{R\xi oj}\cos\phi_j + F_j'\sin(\phi_s - \theta) \right]$$
$$- m_o g - k_{oz}z_o - c_{oz}\dot{z}_o = m_o\ddot{z}_o \tag{4.5}$$

根据文献[8]推导出的子源分解方法,混合陶瓷球轴承的声辐射可以看作来自内圈、球、保持架和外圈的声辐射叠加的结果。已有文献[8]、[9]证明,环的声辐射在整体声辐射中占主导地位,并决定了主要的频率分量。因此,研究了内环声辐射与外环声辐射的叠加结果,声辐射可表示为:

$$p(x) = \sum_s p_s(x) = a_i^{\mathrm{T}} \cdot p_i + b_i^{\mathrm{T}} \cdot v_{ni} + a_o^{\mathrm{T}} \cdot p_o + b_o^{\mathrm{T}} \cdot v_{no} \tag{4.6}$$

式中,$p(x)$ 为场点 x 处的声压,$s=\mathrm{i,o}$ 为声源。p 和 v_n 是表面声压和法向速度向量,a 和 b 是系数矩阵。表面声压与振动的关系为:

$$A \cdot p_s = B \cdot v_{ns} \tag{4.7}$$

式中,A 和 B 为与表面条件和波数相关的冲击系数矩阵。场点 x 处的声压级可由声压导出为:

$$S(x) = 20\lg\frac{p(x)}{p_{\mathrm{ref}}} \tag{4.8}$$

式中,$p_{\mathrm{ref}} = 2 \times 10^{-5}\mathrm{Pa}$ 为参考声压,参考声压处的声压级为 0dB。然后通过式

(4.6)~式(4.8)得到混合陶瓷球轴承的声压级,可以研究不同剥落位置的声压级分布。详细的推导可以参考文献[8]。

同心圆的直径有 60mm、260mm 和 460mm。对于中心点,应用快速傅里叶变换(FFT)得到结果频域。分析的上限为 2000Hz,频率步长为 2Hz,结果如图 4.4 所示。

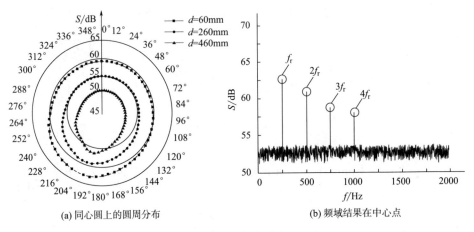

(a) 同心圆上的圆周分布　　　　(b) 频域结果在中心点

图 4.4　健康轴承的仿真结果

从图 4.4 中可以看出,声辐射在圆上的分布略有不均,声压级在不同方向上的衰减也有所不同。在频域,健康轴承的频率结果存在四个主峰,分别是 f_r、$2f_r$、$3f_r$ 和 $4f_r$,这里的 f_r 是 250Hz。然后在模型中考虑了剥落的影响,进行对比研究。剥落位置为 $\phi_s = 270°$,大小为 $\theta_s = 4°$,剥落深度足以防止球触底。然后通过式(4.1)~式(4.5)确定内环和外环的动态特性。其他参数保持不变,声辐射结果如图 4.5 所示。

如图 4.5 所示,当出现剥落时,声压级增大,与 f_o 相关的峰也增多。与图 4.4 的结果相比,图 4.3 的声辐射分布的周向差异更大。声辐射峰值角,即最大声压级的方位角,从 $\Psi = 192°$ 移至 $\Psi = 180°$。可以看出,频域的结果较为复杂,与 f_o 有关的频率分量在轴承振动中占主导地位。结果中仍然存在与 f_r 相关的频率分量,但振幅明显降低。剥落引起动态模型的变化,从而引起声辐射的

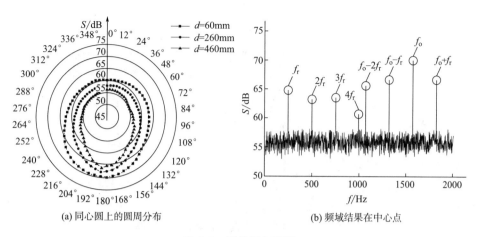

(a) 同心圆上的圆周分布　　　　　　(b) 频域结果在中心点

图 4.5　拟结果与剥落

变化。因此,可以得出,剥落对混合陶瓷球轴承的声辐射影响很大,剥落的位置也包含在声辐射的分布中。研究发现,复合陶瓷球轴承的周向声压级受剥落的影响较大,频率分量也随剥落的发生而变化。当外圈出现剥落时,频率结果中与剥落有关的额外频率分量增加。频率分量在时域 RMS 结果中没有得到充分反映,因此通过声压级的周向分布来定位剥落的精度较差。剥落的特征频率 f_o 对剥落附近的声辐射有很大的贡献。发现 f_o 振幅 $\Delta S(f_o)$ 的径向衰减随角度不同而变化,在剥落方位角处达到全局最小值。本研究为外圈剥落的准确定位提供了一种新方法,对于混合陶瓷球轴承的状态监测和故障诊断具有重要意义。

4.2　基于同步均方根差分的全陶瓷球轴承外圈裂纹位置识别方法

4.2.1　全陶瓷球轴承外圈裂纹的二自由度非线性动力学模型

与钢轴承和混合陶瓷轴承外圈不同,全陶瓷球轴承外圈裂纹的主要形式是脆性断裂,产生裂纹的主要原因是陶瓷外圈承受的连续冲击载荷低于材料的疲劳极限。同时,将脆性断裂产生的裂纹视为翼型裂纹群,如图 4.6 所示。

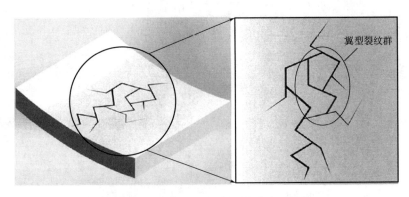

图 4.6　脆性断裂引起的机翼裂纹示意图

　　每组翼型裂纹群具有代表性的几何特征和定量密度。结合轴承外圈的载荷分布,各翼型裂纹群均位于脆性材料介质的椭圆区域。外圈上产生的翼型裂纹群可划分为有限特征,通过分析单个翼型裂纹可得到裂纹对轴承外圈的影响。

　　脆性断裂引起的翼型裂纹可分为两部分:负责材料开裂的横向裂纹和负责刚度减弱的纵向裂纹。本文主要讨论翼型裂纹引起的全陶瓷球轴承外圈刚度的削弱,因此主要研究纵向裂纹。由于微裂纹,特别是纵向裂纹,不能直接观测和测量,通常采用估计方法。裂纹深度 d_c 与载荷分布 Q_p 和断裂韧性 K_{IC} 的关系如下[10]:

$$d_c = \left\{ 0.034(\cot\psi)^{2/3} \left[\left(\frac{E}{H} \right)^{1/2} \Big/ K_{IC} \right]^{2/3} \right\} Q_p^{2/3} \tag{4.9}$$

式中,E 为陶瓷材料的弹性模量;H 为维氏硬度,图 4.7 为裂纹处的截面示意图,裂纹的发展方向为沿轴承外圈径向;Ψ 为裂纹张开角;K_{IC} 为陶瓷材料在裂纹位置的断裂韧性。由式(4.9)可得到陶瓷材料裂纹位置断裂韧性与裂纹大小的关系。

　　根据陶瓷材料的断裂力学,外圈 I 型裂纹是由沿滚道圆周方向的裂纹引起的,裂纹使外圈沿裂纹位置打开。在模式破解的演化过程中,应变能释放率(SERR)与应力强度因子 K_I 呈单值关系。本文不考虑附加载荷引起的裂纹扩

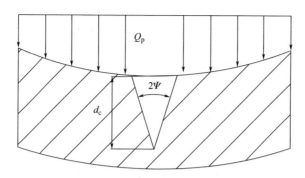

图 4.7　裂缝处截面示意图

展过程,将裂纹尖端区域的 K_I 视为与有效断裂韧性 K_{IC} 大致相同。陶瓷外圈在载荷作用下的能量释放率为[11]:

$$\text{SERR} = \frac{1}{E}\overline{K}_{IC}^2 \qquad (4.10)$$

式中,$\overline{K}_{IC}$ 为有效断裂韧性。$\overline{K}_{IC}$ 可以表示为:

$$\overline{K}_{IC} = \left(\frac{E}{E_0}\right)^{\frac{1}{2}} K_{IC} \qquad (4.11)$$

式中,E_0 为固有弹性模量。

　　在研究中,将全陶瓷滚动轴承在运行过程中所承受的载荷设定为径向载荷,载荷通过滚动元件在轴承的内圈和外圈之间传递。滚动件与内外环之间基本满足赫兹接触理论。该理论为计算与滚动元件接触的内外环之间的接触载荷提供了一种方法。

　　在大多数情况下,轴承的外圈在运行时处于固定状态,内圈随着轴的旋转而旋转。不排除有独立内圈固定且外圈随转子旋转的轴承,如支撑滚子轴承,这种类型的轴承比较少见,因此在本文中研究不多。轴承施加一定的径向力,忽略径向力对轴承上半部分滚动元件的影响。在径向载荷作用下滚动轴承的整体受力分析如图 4.8 所示。

　　假设滚动件与内外滚道之间不存在滑动摩擦,则第 j 个滚动件位置角可表

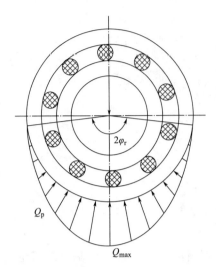

图 4.8 轴承外圈载荷分布示意图

示为：

$$\theta_j = \frac{2\pi(j-1)}{Z} + \theta_1 + \omega_c t \quad (4.12)$$

式中，Z 为滚动体的数量，θ_1 为第一个滚动元素的初始角位置。保持架的名义转速为：

$$\omega_c = \frac{\omega_s}{2}\left(1 - \frac{d}{D} \cdot \cos\alpha\right) \quad (4.13)$$

式中，ω_s 为轴运行速度，d 为滚动元件直径，D 为节径，α 为接触角。

如图 4.8 所示，当全陶瓷球轴承沿垂直方向受力时，力的作用方向为垂直向下。考虑到本研究实验选择的全陶瓷球轴承型号为 6004，轴承精度等级为 P4，结合文献[12]，可得出径向载荷作用下滚动元件对轴承上部的力可以忽略，轴承外圈上的载荷分布可表示为：

$$Q_p = \begin{cases} Q_{max}\left[1 - \dfrac{1}{2k_L}(1 - \cos\varphi)\right]^{3/2}, & \varphi \in \varphi_{load} \\ \\ 0, & 其他 \end{cases} \quad (4.14)$$

式中，Q_{max} 为荷载最大分布密度，φ 为荷载区域内任意位置角，φ_{load} 为荷载分布范围的极限角，φ_{load} 荷载的计算方法可由文献[8]得到，k_L 为荷载分布系数，表示为：

$$k_L = \frac{1}{2}\left(1 - \frac{c}{2\delta_{max}}\right) \quad (4.15)$$

式中，c 为滚珠轴承间隙，δ_{max} 为轴承的最大径向偏移。

由于裂纹扩展引起的外作用力矩为常数，因此外环上产生的最终应变能可分解为无故障外环的应变能与裂纹扩展产生的应变能之和[13]：

$$W = EN_c + \Delta U = 2\Delta U \quad (4.16)$$

式中，EN_c 为裂纹扩展时产生的能量，ΔU 为外圈裂纹时应变能的增量。因此，裂纹外环的最终应变能可表示为：

$$U_c = U + \Delta U = U + EN_c \qquad (4.17)$$

式中, U 为无故障外环的应变能。

基于陶瓷材料的断裂力学, 外环裂纹扩展产生的应变能可表示为:

$$EN_c = \int (\text{SERR})\,\mathrm{d}A \qquad (4.18)$$

结合式(4.15)~式(4.17), 得到外环裂纹位置时变刚度与外环无裂纹位置刚度的关系为[14]:

$$\frac{1}{2}\int \frac{M_c^2}{K_c}\mathrm{d}x = \frac{1}{2}\int \frac{M_c^2}{K_f}\mathrm{d}x + \int (\text{SERR})\,\mathrm{d}A \qquad (4.19)$$

式中, M_c 是裂缝弯矩。

可得裂纹处外环刚度对无故障外环刚度的弱化系数:

$$\beta = \frac{K_c}{K_f} \qquad (4.20)$$

在建立二自由度非线性动力学模型时, 将轴承设置为垂直放置并承受垂直向下的径向力, 径向力的作用线穿过轴承中心。陶瓷滚子与陶瓷外圈之间的接触变形可视为完全弹性变形的状态, 因此赫兹接触理论仍然适用于全陶瓷球轴承外圈的建模。

根据载荷分布及运行过程中滚动元件与外圈的接触变形, 基于赫兹接

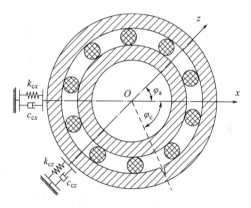

图 4.9　二自由度非线性动力模型示意图

触理论, 得到陶瓷球轴承运动时的广义接触力, 如图 4.9 所示, 结合外圈裂纹应变能释放率、裂纹外圈载荷分布及时变刚度, 建立任意角度的两自由度非线性动力学模型。

$$m_{\text{out}}\begin{bmatrix} \ddot{x}_c \\ \ddot{z}_c \end{bmatrix} + C_{oc}\begin{bmatrix} \dot{x}_c \\ \dot{z}_c \end{bmatrix} + K_{oc}\begin{bmatrix} x_c \\ z_c \end{bmatrix} = Q_P\begin{bmatrix} \cos\varphi_c \\ \sin(\varphi_c + \varphi_a) \end{bmatrix} \qquad (4.21)$$

其中，m_{out} 为轴承外圈质量，φ_c 为外圈裂纹在 x 轴正方向的角位置，K_{oc} 为载荷挠度因子，δ_{rj} 为滚动体径向有效位移，计算方法见文献[15]、[16]，c 为黏性接触阻尼常数，φ_a 为 x 轴与 z 轴的锐角，刚度矩阵 K_{oc} 和阻尼矩阵 C_{oc} 可表示为：

$$C_{oc} = C_c \begin{bmatrix} \cos\varphi_c & \\ & \cos(\varphi_c + \varphi_a) \end{bmatrix} \qquad (4.22)$$

$$K_{oc} = K_c \begin{bmatrix} \cos\varphi_c & \\ & \cos(\varphi_c + \varphi_a) \end{bmatrix} \qquad (4.23)$$

式中，K_c 和 C_c 分别为滚动元件和全陶瓷球轴承外圈的接触刚度和阻尼，可由文献[17]得到。

4.2.2 全陶瓷球轴承外圈裂纹位置识别模型

通过模拟故障动力学模型得到的结果可视为轴承外圈裂纹位置产生的故障振动信号。在外圈裂纹位置产生的故障振动信号沿轴承外圈传输到外圈上不同位置的两点，可获得两组振动信号。沿外圈传导过程中，裂纹处的振动信号有不同程度的衰减。因此，在无故障的全陶瓷球轴承和有裂纹故障的外圈轴承之间，在外圈上两个位置测量的振动信号存在一些差异。但是，与外圈故障轴承相比，外圈裂纹轴承的故障振动信号比健康轴承的故障振动信号更明显。通过分析两组振动信号，可以识别出外圈裂纹的位置。通过对外环上两个位置的振动信号进行简单分析，根据故障振动信号的强度，可以将外环的裂纹位置划分为信号强度较高的外环半圆段。

二自由度故障动力学模型模拟的故障信号可以看作将外环裂纹位置产生的故障振动信号分为平行于 x 轴和 z 轴的振动信号分量 x_c 和 z_c，如图 4.10 所示，x 轴和 z 轴与轴承外圈相交的两对位置分别定义为 x_1、x_2 和 z_1、z_2。

本文仅分析振动信号沿全陶瓷滚动轴承外圈的传递，传输介质仅为轴承外圈，将全陶瓷球轴承外圈视为均匀刚度—阻尼介质。由图 4.10 可以看出，裂纹故障位置产生的时域振动曲线的分量 x_c 平行于 x 轴方向，沿轴承外圈向 x_1 和 x_2 传递的信号分别为 x_{c1} 和 x_{c2}；将平行于 z 轴方向的分量 z_c 沿轴承外圈传递到 z_1 和 z_2 位置时得到的信号分别为振动方向与 z 轴共线的两条振动时域曲线 z_{c1} 和 z_{c2}。振动信号 x_c 和 z_c 沿轴承外圈传导到对应的 x_1、x_2 和 z_1、z_2 两组位置时，会发生一定的衰减。

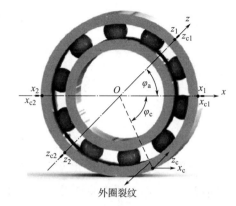

图 4.10　x 轴和 z 轴与轴承外圈
交点示意图

　　针对外圈裂纹发生的位置和故障振动信号传输到外圈的位置，将裂纹传输路径上的轴承外圈划分区域。轴承外圈在每个区域都可以将外环 x_1、x_2 和 z_1、z_2 处的裂纹位置视为等质量粒子，视为刚度—阻尼系统。针对轴承外圈裂纹故障，将二自由度任意角度非线性动力学模型改进为全陶瓷球轴承外圈裂纹位置识别模型。全陶瓷球轴承外圈裂纹位置识别模型可表示为：

$$\boldsymbol{M}\ddot{\boldsymbol{x}}(t) + \boldsymbol{C}_o\dot{\boldsymbol{x}}(t) - \boldsymbol{C}\dot{\boldsymbol{x}}_c(t) + \boldsymbol{K}_o\boldsymbol{x}(t) - \boldsymbol{K}\boldsymbol{x}_c(t) = \boldsymbol{Q}_p \tag{4.24}$$

式中，$\boldsymbol{x}(t)$ 为轴承外圈 x_1、x_2 和 z_1、z_2 两组位置处的状态向量：

$$\boldsymbol{x}(t) = \begin{bmatrix} x_{c1} & x_{c2} & z_{c1} & z_{c2} \end{bmatrix}^{\mathrm{T}} \tag{4.25}$$

$\boldsymbol{x}_c(t)$ 为裂纹位置的状态向量：

$$\boldsymbol{x}_c(t) = \begin{bmatrix} x_c & x_c & z_c & z_c \end{bmatrix}^{\mathrm{T}} \tag{4.26}$$

$\boldsymbol{M}$ 为质量矩阵：

$$\boldsymbol{M} = \begin{bmatrix} m_{x1} & & & \\ & m_{x2} & & \\ & & m_{z1} & \\ & & & m_{z2} \end{bmatrix} \tag{4.27}$$

Q 为载荷矩阵：

$$Q = Q_P \begin{bmatrix} \cos\varphi_c \\ \cos\varphi_c \\ \sin(\varphi_c + \varphi_a) \\ \sin(\varphi_c + \varphi_a) \end{bmatrix} \tag{4.28}$$

结合两对传感器的位置和裂纹的位置，将轴承外圈划分为不同的截面，每一截面视为一个刚度—阻尼系统。如图 4.10 所示，外环上 x_1 和 x_2 位置之间的无裂纹区域可以看作一个刚度为 k_{x0} 的刚度—阻尼系统，外环上 x_1 位置到裂纹位置的截面和裂纹位置到 x_2 位置截面的阻尼为一个刚度为 k_{x1} 和 k_{x2}、阻尼为 c_{x1} 和 c_{x2} 的刚度—阻尼系统。同样，根据位置 z_1、位置 z_2 和裂纹位置，可将轴承分为刚度为 k_{z0}、k_{z1}、k_{z2} 和阻尼为 c_{z0}、c_{z1}、c_{z2} 的刚度—阻尼系统。

将信号沿全陶瓷球轴承外圈传导过程中克服的刚度视为振动信号传导过程中克服的外圈弯曲刚度进行计算，可以得到滚动元件将产生的振动信号通过外圈的裂纹位置沿外圈传递到特定位置所需要克服的无裂纹外圈的外圈刚度。

K_o 和 C_o 为裂纹传递刚度和阻尼矩阵：

$$K_o = \begin{bmatrix} k_{x1} + k_x & -k_x & & \\ -k_{x0} & k_{x0} + k_{x2} & & \\ & & k_{z1} + k_{z0} & -k_{z0} \\ & & -k_{z0} & k_{z0} + k_{z2} \end{bmatrix} \tag{4.29}$$

$$C_o = \begin{bmatrix} c_{x1} + c_{x0} & -c_{x0} & & \\ -c_{x0} & c_{x0} + c_{x2} & & \\ & & c_{z1} + c_{z0} & -c_{z0} \\ & & -c_{z0} & c_{z0} + c_{z2} \end{bmatrix} \tag{4.30}$$

K、C 为信号传输刚度和阻尼矩阵：

$$K = \begin{bmatrix} k_{x1} & & & \\ & k_{x2} & & \\ & & k_{z1} & \\ & & & k_{z2} \end{bmatrix} \tag{4.31}$$

传递刚度 $k_{xi}(i=0,1,2)$ 可表示为:

$$\begin{cases} k_{xi} = \dfrac{EA}{l_{xi}} \\[2mm] k_{zi} = \dfrac{EA}{l_{zi}} \end{cases} \quad (i = 0,1,2) \tag{4.32}$$

式中, A 为全陶瓷球轴承外圈的截面积, l_{xi} 和 l_{zi} 为相应轴承外圈的弧长。

阻尼矩阵可表示为:

$$\begin{aligned} C_o &= \begin{bmatrix} c_{x1}+c_{x0} & -c_{x0} & & \\ -c_{x0} & c_{x0}+c_{x2} & & \\ & & c_{z1}+c_{z0} & -c_{z0} \\ & & -c_{z0} & c_{z0}+c_{z2} \end{bmatrix} \\[2mm] &= \frac{\mu}{E} \begin{bmatrix} k_{x1}+k_{x} & -k_{x} & & \\ -k_{x0} & k_{x0}+k_{x2} & & \\ & & k_{z1}+k_{z0} & -k_{z0} \\ & & -k_{z0} & k_{z0}+k_{z2} \end{bmatrix} \end{aligned} \tag{4.33}$$

$$C = \begin{bmatrix} c_{x1} & & & \\ & c_{x2} & & \\ & & c_{z1} & \\ & & & c_{z2} \end{bmatrix} = \frac{\mu}{E} \begin{bmatrix} k_{x1} & & & \\ & k_{x2} & & \\ & & k_{z1} & \\ & & & k_{z2} \end{bmatrix} \tag{4.34}$$

式中, μ 为陶瓷材料的黏性系数。

4.2.3 全陶瓷球轴承外圈裂纹位置识别方法

通过 MATLAB 和 Simulink 仿真计算,采用四阶龙格—库塔法求解非线性动力学模型。模型仿真计算选用的轴承型号为全陶瓷轴承 6004 深沟球轴承,轴承径向力为 $F=50\text{N}$。在模拟过程中,为避免其他因素对裂纹位置判断的干扰,将外环裂纹位置作为唯一变量。本文识别了全陶瓷球轴承外圈早期裂纹故障的位置。考虑到外圈早期裂纹深度一般为 $0.30\sim0.40\text{mm}$,本文选择外圈早期裂纹深度为 0.35mm 的状态来模拟模型,开口角度为 $0°$,不考虑裂纹扩展过程,在这一步只分析轴承外圈裂纹。图 4.11 为式(4.24)仿真计算得到的振动信号。

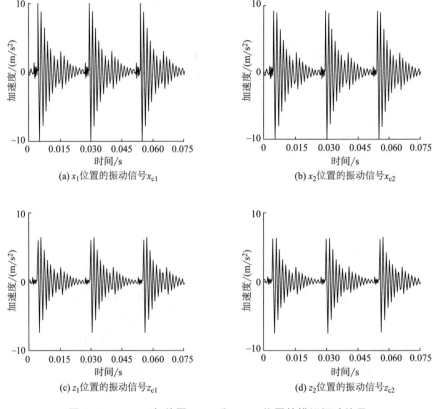

(a) x_1 位置的振动信号 x_{c1}

(b) x_2 位置的振动信号 x_{c2}

(c) z_1 位置的振动信号 z_{c1}

(d) z_2 位置的振动信号 z_{c2}

图 4.11 $\varphi_c=0$ 时,外圈 x_1、x_2 和 z_1、z_2 位置的模拟振动信号

通过模拟轴承裂纹扩展的非线性动力学模型,得到轴承外圈上 x_1、x_2 和 z_1、z_2 两组位置 x_{c1}、x_{c2} 和 z_{c1}、z_{c2} 的模拟振动时域曲线。设两组位置振动时域曲线的同步均方根差值($\Delta \mathrm{SRMS}$)如下:

$$\begin{cases} \Delta \mathrm{SRMS}_x = \mathrm{SRMS}_{x1} - \mathrm{SRMS}_{x2} \\ \Delta \mathrm{SRMS}_z = \mathrm{SRMS}_{z1} - \mathrm{SRMS}_{z2} \end{cases} \tag{4.35}$$

式中,SRMS_{x1}、SRMS_{x2} 和 SRMS_{z1}、SRMS_{z2} 是 x_{c1}、x_{c2} 和 z_{c1}、z_{c2} 的同步均方根。

图 4.11 为 $\varphi_c = 0°$ 轴承外圈上 x_1、x_2 和 z_1、z_2 两组位置 x_{c1}、x_{c2} 和 z_{c1}、z_{c2} 的振动时域曲线。从仿真信号可以看出,滚动体经过外圈裂纹位置时,外圈会产生冲击振动。图 4.12 为两轴均方根差随轴承外圈裂纹角位置改变的变化情况。由图 4.12(a)可见,当外环裂纹位置 $\varphi_c = 0°$ 在 x_1、x_2 两点处,信号 x_{c1} 和 x_{c2} 之间的 $\Delta \mathrm{SRMS}_x$ 最大,此处将 $\Delta \mathrm{SRMS}_x$ 设为 $\Delta \mathrm{SRMS}_{x\max}$;当外圈裂纹位置从 $\varphi_c = 0°$ 旋转到 $\varphi_c = 90°$ 时,$\Delta \mathrm{SRMS}_x$ 逐渐减小;直至 0;当外圈裂纹位置从 $\varphi_c = 90°$ 旋转到 $\varphi_c = 180°$ 时,$\Delta \mathrm{SRMS}_x$ 不断减小至最小值;当外圈裂纹位置从 $\varphi_c = 180°$ 旋转到 $\varphi_c = 0°$ 时,$\Delta \mathrm{SRMS}_x$ 从最小值逐渐增加到最大值。同样,从图 4.12(b)中可以看出,当外圈裂纹角位置 $\varphi_c = 180° - \varphi_a$,即 $\varphi_c = 120°$ 时,$\Delta \mathrm{SRMS}_z$ 值最小;当 $\varphi_c = 90° - \varphi_a$ 和 $\varphi = 270° - \varphi_a$,例如 $\varphi_c = 30°$,$\varphi_c = 210°$ 和 $\Delta \mathrm{SRMS}_z = 0$;当 $\varphi_c = 360° - \varphi_a$,即 $\varphi_c = 300°$ 时,$\Delta \mathrm{SRMS}_z$ 在信号 z_{c1} 和 z_{c2} 之间的值最大,$\Delta \mathrm{SRMS}_z$ 在两个点之间,其中 $\Delta \mathrm{SRMS}_z$ 的值被设置为 $\Delta \mathrm{SRMS}_{z\max}$,$z_1$ 和 z_2 在 $-\Delta \mathrm{SRMS}_{z\max}$ 和 $\Delta \mathrm{SRMS}_{z\max}$ 的范围内变化。

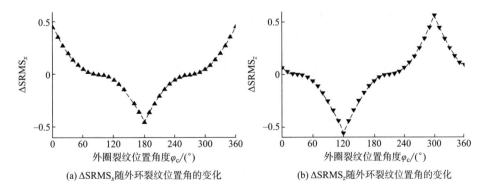

(a) $\Delta \mathrm{SRMS}_x$ 随外环裂纹位置角的变化　　(b) $\Delta \mathrm{SRMS}_z$ 随外环裂纹位置角的变化

图 4.12　$\Delta \mathrm{SRMS}$ 随外环裂纹位置角的变化

由于 $\Delta SRMS_x$ 和 $\Delta SRMS_z$ 的量级太小,仅建立了 $\Delta SRMS$ 与外圈裂纹位置的映射关系,但在轴承运行过程中受环境因素干扰影响较大。因此,采用各轴上的 $\Delta SRMS$ 值与 $\Delta SRMS_{max}$ 值的比值来判断外圈的裂纹位置。

在外环产生微裂纹的条件下,通过仿真得到了外环裂纹深度为 $0.10 \sim 0.35mm$ 时 $\Delta SRMS_{xmax}$ 和 $\Delta SRMS_{zmax}$ 的数值曲线。由图 4.13 可知,随着外环裂纹深度的变化,外环振动信号均方根 $\Delta SRMS_{xmax}$ 和 $\Delta SRMS_{zmax}$ 的变化可以忽略不计,因此仿真结果得出的 $\Delta SRMS_{xmax}$ 和 $\Delta SRMS_{zmax}$ 可作为分母比率。定义的 $\Delta SRMS_{xmax}$ 和 $\Delta SRMS_{zmax}$ 分别为 $\varphi_c = 0°$ 和 $\varphi_c = 360° - \varphi_a$ 状态下仿真信号中裂纹深度 $d_c = 0.35mm$ 时, $\Delta SRMS_x$ 和 $\Delta SRMS_z$ 的最大值。因此,可以建立外环裂纹角位置 φ_c 与 $\Delta SRMS_x/\Delta SRMS_{xmax}$ 、 $\Delta SRMS_z/\Delta SRMS_{zmax}$ 的映射关系。

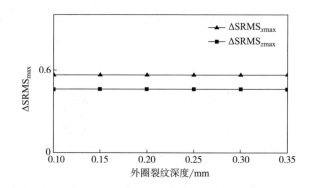

图 4.13　$\Delta SRMS_{xmax}$ 和 $\Delta SRMS_{zmax}$ 随外圈裂纹深度的变化

由图 4.14 可知, $\Delta SRMS_x/\Delta SRMS_{xmax}$ 与外环裂纹角的二次曲线有一定的映射关系。由 x 轴上 x_1 、 x_2 位置振动信号 x_{c1} 、 x_{c2} 的 $\Delta SRMS_x/\Delta SRMS_{xmax}$,可建立全陶瓷球轴承外圈裂纹位置角与 x 轴上两个故障位置振动信号的函数关系:

$$\varphi_{cx} = \begin{cases} \left\{ 90 - \xi_c \sqrt{|\Delta SRMS_x/\Delta SRMS_{xmax}|} ,\right. \\ \left. 270 + \xi_c \sqrt{|\Delta SRMS_x/\Delta SRMS_{xmax}|} \right\} \Delta SRMS_x/\Delta SRMS_{xmax} \geq 0 \\ \left\{ 90 + \xi_c \sqrt{|\Delta SRMS_x/\Delta SRMS_{xmax}|} ,\right. \\ \left. 270 - \xi_c \sqrt{|\Delta SRMS_x/\Delta SRMS_{xmax}|} \right\} \Delta SRMS_x/\Delta SRMS_{xmax} < 0 \end{cases} \quad (4.36)$$

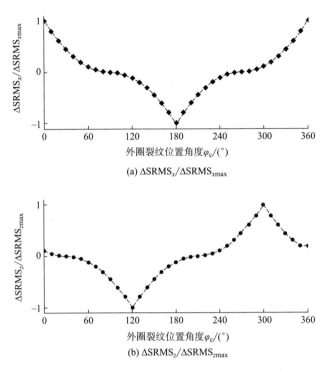

(a) $\Delta SRMS_x/\Delta SRMS_{xmax}$

(b) $\Delta SRMS_z/\Delta SRMS_{zmax}$

图 4.14　$\Delta SRMS/\Delta SRMS_{max}$ 随外圈裂纹位置角的变化

式中,ξ_{cx} 为轴承外圈裂纹位置识别方法的 x 轴修正系数。通过对全陶瓷球轴承外圈裂纹故障位置识别模型的仿真计算,将得到的参数代入式(4.36)。

根据 z 轴上两点 z_1 和 z_2 处振动信号 z_{c1} 和 z_{c2} 的 $\Delta SRMS_z/\Delta SRMS_{zmax}$,可建立全陶瓷球轴承外圈裂纹位置角与 z 轴上两个故障位置振动信号之间的函数关系:

$$
\varphi_{cz} = \begin{cases}
\left\{ 90 - \xi_c\sqrt{|\Delta SRMS_x/\Delta SRMS_{xmax}|} - \varphi_a, \right. \\
\left. 270 + \xi_c\sqrt{|\Delta SRMS_x/\Delta SRMS_{xmax}|} - \varphi_a \right\} \Delta SRMS_z/\Delta SRMS_{zmax} \geqslant 0 \\
\left\{ 90 + \xi_c\sqrt{|\Delta SRMS_z/\Delta SRMS_{zmax}|} - \varphi_a, \right. \\
\left. 270 - \xi_c\sqrt{|\Delta SRMS_z/\Delta SRMS_{zmax}|} - \varphi_a \right\} \Delta SRMS_z/\Delta SRMS_{zmax} < 0
\end{cases}
$$

$$(4.37)$$

式中,ξ_{cz} 为轴承外圈裂纹位置识别方法 z 轴的修正系数。通过对全陶瓷球轴承外圈裂纹故障位置识别模型的仿真计算,将得到的参数代入式(4.37)。

由于滚动轴承的外圈是对称的,根据外圈上的两个位置可以识别出两个裂纹位置,连接这两个位置的线穿过轴承的中心,分别从外圈上的两个裂纹位置传输到外圈上的两个位置的振动信号的两个差值是相同的。两个裂纹位置对称于连接外圈上两个位置并穿过轴承中心的直线。同时选取两条非共线穿过轴承中心与外圈相交的两组位置,分别研究裂纹故障时域曲线在外圈故障位置向这两组位置传递的两组振动信号,使外圈裂纹故障位置可以在一点上被识别。

φ_{cx} 和 φ_{cz} 分别为由 $\Delta SRMS_x / \Delta SRMS_{xmax}$ 和 $\Delta SRMS_z / \Delta SRMS_{zmax}$ 得到的轴承外圈裂纹在 x 轴正半轴上的角位置(φ_{cx1}、φ_{cx2} 和 φ_{cz1}、φ_{cz2})。如图 4.15 所示,出环裂纹位置可分别位于对称于 x 轴的两个点 x'_{c1} 和 x'_{c2},对称于 z 轴的两个点 z'_{c1} 和 z'_{c2}。

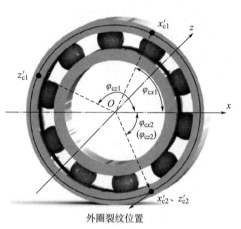

图 4.15 外圈裂纹位置识别方法示意图

通过全陶瓷球轴承外圈裂纹位置角相对于 x 轴和 z 轴上两位置故障振动信号的函数关系,将全陶瓷球轴承外圈裂纹位置角确定于关于 x 轴和 z 轴对称的两组角度,找到两组裂纹位置角度中相重合的两个裂纹位置角度。从图 4.15 可以得到,在通过全陶瓷球轴承外圈裂纹位置角相对于 x 轴和 z 轴上两位置故障振动信号的函数关系得到的两组位置中,点 x'_{c2} 和点 z'_{c2} 处于相同的位置,则位置角即为全陶瓷球轴承外圈裂纹位置角的具体位置,可表示为:

$$\varphi_c = \varphi_{cx} \cap \varphi_{cz} \tag{4.38}$$

综上所述,全陶瓷球轴承外圈裂纹位置识别方法流程图如图 4.16 所示。

本节建立了考虑振动信号在外圈上传导的动态模型,提出了一种全陶瓷滚动轴承外圈裂纹位置的识别方法。通过在全陶瓷球轴承外圈的两个不同位置

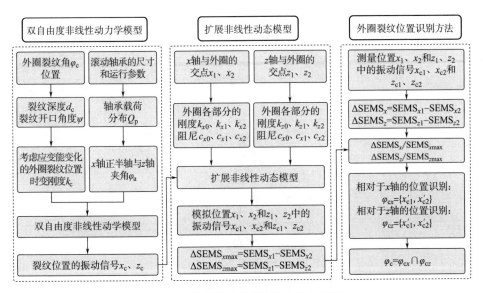

图 4.16 外圈裂纹位置识别方法流程图

设置传感器,采集振动信号,对两组振动信号进行处理,分析得到振动信号的同步均方根差之比,可以识别全陶瓷球轴承外圈裂纹位置。

4.3 基于水平垂直同步峰值比的球轴承外圈剥落故障位置定位

4.3.1 故障动力学模型

在球轴承发生早期故障时,产生的故障主要是单一的局部故障,球轴承在有单一故障运行的情况下,会导致多个故障的产生,所以出现单一故障时要及时进行故障诊断。因此,本文主要对球轴承外圈单一的局部剥落进行非线性动力学建模,如图 4.17 所示。m_i 是内圈加轴的质量,m_o 是外圈加底座的质量,c_i 是内圈加轴的阻尼,c_o 是外圈加轴的阻尼,k_i 是内圈加轴的刚度,k_o 是外圈加轴的刚度,x_i 和 y_i 分别是内圈加轴的水平方向和垂直方向位移,x_o 和 y_o 分别是外圈加底座的水平方向和垂直方向位移。

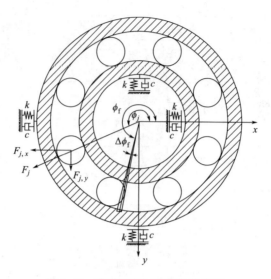

图 4.17 球轴承外圈剥落故障模型

球轴承外圈剥落的非线性动力学方程可以表示为：

$$
\begin{cases}
m_i \ddot{x}_i = F_x - k_i x_i - c_i \dot{x}_i - \sum_{j=1}^{N_b} (K \delta_j^{1.5} \cos\alpha_j \cos\phi_j) \\[4pt]
m_i \ddot{y}_i = F_y - k_i y_i - c_i \dot{y}_i - \sum_{j=1}^{N_b} (K \delta_j^{1.5} \cos\alpha_j \sin\phi_j) \\[4pt]
m_o \ddot{x}_o = - k_o x_o - c_o \dot{x}_o - \sum_{j=1}^{N_b} (F_{impact} \sin\eta) + \\[4pt]
\sum_{j=1}^{N_b} (K \delta_j^{1.5} \cos\alpha_j \cos\phi_j) \\[4pt]
m_o \ddot{y}_o = - k_o y_o - c_o \dot{y}_o - \sum_{j=1}^{N_b} (F_{impact} \cos\eta) + \\[4pt]
\sum_{j=1}^{N_b} (K \delta_j^{1.5} \cos\alpha_j \sin\phi_j)
\end{cases}
\tag{4.39}
$$

式中，载荷 F_x 和 F_y 分别为施加在轴承内圈上的水平和垂直方向的载荷，K 为载荷偏转系数，α_j 为加载的接触角，ϕ_j 为第 j 个球的角位置。δ_j 为第 j 个滚动体与滚道的接触变形，η 为撞击力方向与径向的夹角，F_{impact} 为时变撞击力。由几何关系可以得到：

$$\delta_j = (x_i - x_o)\cos\phi_j + (y_i - y_o)\sin\phi_j - r_c - H(\phi_j)\cos\alpha_0 \qquad (4.40)$$

式中，r_c 为轴承径向间隙，$H(\phi_j)$ 为有效深度系数。应用式（4.40），赫兹接触力 F_j 可表示为：

$$F_j = K\delta_j^{1.5} \qquad (4.41)$$

球轴承系统的静态平衡方程定义为[18]：

$$\begin{bmatrix} F_x \\ F_y \end{bmatrix} = \sum_{j=1}^{N_b} F_j \begin{bmatrix} \cos\alpha_j\cos\phi_j \\ \cos\alpha_j\sin\phi_j \end{bmatrix} = \sum_{j=1}^{N_b} \begin{bmatrix} F_{j,x} \\ F_{j,y} \end{bmatrix} \qquad (4.42)$$

设外圈滚道表面有故障深度为 h 的方形故障，故障周向范围为 $\Delta\phi_f$。外圈故障的角度位置可以用故障中心与 x 轴之间的 ϕ_f 来表示，称为故障角位置。考虑到滚珠的有限尺寸，该故障在球角位置 ϕ_j 处的时变位移激励函数 $H(\phi_j)$ 可以表示为[19]：

$$H(\phi_j) = \min\left[h, r_b + r_o(\cos\theta_j - 1) - \sqrt{r_b^2 - r_o^2\sin^2\theta_j} \right] \qquad (4.43)$$

$$\theta_j = \begin{cases} \phi_j - \phi_f + \dfrac{1}{2}\Delta\phi_f, & 0 < \phi_f - \phi_j \leqslant \dfrac{1}{2}\Delta\phi_f \\[2mm] \phi_f - \phi_j + \dfrac{1}{2}\Delta\phi_f, & 0 < \phi_j - \phi_f \leqslant \dfrac{1}{2}\Delta\phi_f \\[2mm] 0, & \text{其他} \end{cases} \qquad (4.44)$$

式中，r_b 为滚珠的半径，r_o 为外圈的半径。$H(\phi_j)$ 的物理意义是球 j 的中心穿过外圈故障时的路径。θ_j 为滚动体在故障点的角位置与故障角之间的有效夹角。ϕ_j 为第 i 个滚动体在 t 时刻的角位置，表示为：

$$\phi_j = \omega_c t + 2\pi(j-1)/N_b + \phi_0 \quad (j = 1, 2, 3, \cdots, N_b) \qquad (4.45)$$

式中，$j=1, 2, 3, \cdots, N_b$，N_b 为滚动体数目，c 为保持架角速度，t 为时间，ϕ_0 定义为第一个滚动体在零时刻相对 y 轴正方向的角位置。

滚动体进入故障区域后存在切向的速度 v_t 和径向的速度 v_r[20]，如图 4.18 所示。

根据文献[20]提出的通过时变位移激励的一阶导数和冲量定量来计算时

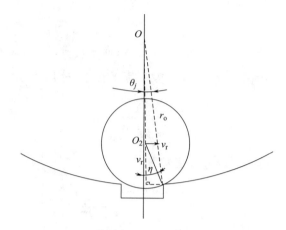

图 4.18　滚动体撞击剥落故障边缘示意图

变撞击力,如下式:

$$F_{\text{impact}} = \frac{m_{\text{b}}\omega_{\text{c}}r_{\text{o}}^2 \left(\dfrac{r_{\text{o}}\sin 2\theta_j}{2\sqrt{r_{\text{b}}^2 - r_{\text{o}}^2\sin^2\theta_j}} - \sin\theta_j \right)}{\cos\eta} \tag{4.46}$$

式中,O 和 O_2 分别为轴承和滚珠的几何中心,m_{b} 为滚动体质量,根据几何关系可得:

$$\eta = \begin{cases} \arccos(\sqrt{r_{\text{b}}^2 - (r_{\text{o}} \times \sin\theta_j)^2}/r_{\text{b}}) - \theta_j + \Delta\phi_{\text{f}}/2, & \theta_j \neq 0 \\ 0, & \theta_j = 0 \end{cases} \tag{4.47}$$

4.3.2　故障点位置对受力方向的影响

本文采用的轴承参数见表 4.1,$1\text{in} = 2.52\text{mm}$。设外圈故障角度为 $1°$,故障角度范围在 $230° \sim 310°$,载荷 $F_x = 0\text{N}$,$F_y = -100\text{N}$,$F_z = 0\text{N}$。

表 4.1　轴承几何参数

参数名称	数值
滚动体个数 N_{b}/个	8
滚动体直径 d_{b}/in	0.3125
节距直径 d_{d}/in	1.318

续表

参数名称	数值
空载接触角 $\alpha_0/(°)$	0
径向间隙 $r_c/\mu m$	3
内圈加轴的质量 m_i/kg	2
外圈加底座的质量 m_o/kg	2
载荷偏转系数 $K/(N/m^{1.5})$	$1.4×10^9$
内圈加轴的刚度 $k_i/(N/m)$	$2.122×10^5$
外圈加轴的刚度 $k_o/(N/m)$	$2.122×10^5$
内圈加轴的阻尼 $c_i/(N·s/m)$	1648.2
外圈加轴的阻尼 $c_o/(N·s/m)$	1648.2

图 4.19 和图 4.20 分别表示的是滚珠在不同的角位置和故障角位置时接触力 ϕ_j 的变化曲线,对有故障轴承和无故障轴承的比较,区别在于有故障情况多出了动载荷曲线围绕着无故障的静载荷曲线[21],其余变化规律基本一致。接下来只分析有故障轴承的情况。

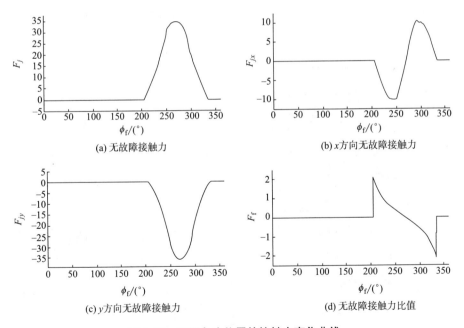

(a) 无故障接触力　　　　　　　(b) x方向无故障接触力

(c) y方向无故障接触力　　　　　　(d) 无故障接触力比值

图 4.19　不同角度位置的接触力变化曲线

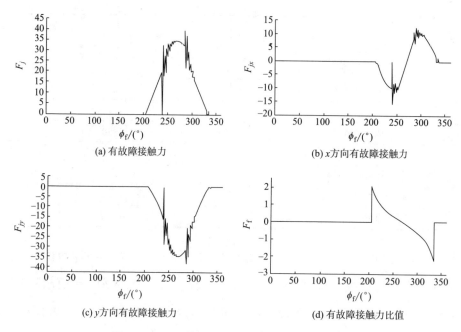

图4.20　不同故障角度位置的接触力变化曲线

　　从球轴承的静态平衡方程来看,轴承在水平方向所受的接触力与承载区内不同角度位置的余弦函数有关,轴承在垂直方向所受的接触力与承载区内不同角度位置的正弦函数有关;结合图4.20(b)和图4.20(c),可以看出轴承在水平和垂直方向上承载区的接触力变化趋势分别与余弦曲线和正弦曲线变化规律一致。由于接触力大小的变化因素太多,例如转速、负载和故障宽度大小等,使单一方向的接触力不能直接用于故障诊断,为减小其他因素对接触力产生影响,使本文的定位方法应用范围变广,因此选择水平方向与垂直方向的比值用于计算外圈故障的位置角度。

　　通过仿真计算接触力在 x 方向与 y 方向的比值,从图4.20(d)中可以看出,滚珠在承载区间内受到的接触力比值在230°~310°之间有较大斜率,以270°为中心向两侧快速增加,不同故障角度的接触力比值之间有较大的位移率,呈现一定的函数趋势,能快速准确区分不同故障角度接触力比值的大小,为承载区的故障定位提供了一定的理论基础。由图4.20(d)可知:

$$F_f = F_x / F_y \tag{4.48}$$

4.3.3 外圈故障定位规律

图 4.21 给出了 $\Delta\phi_f = 1°$ 时水平振动和垂直振动响应的仿真结果。依据图 4.20(d) 的接触力的变化规律,提出故障趋势。如图 4.23 所示,可以看出在滚珠轴承转动一圈后,每个滚珠经过故障点的 x 方向和 y 方向的峰值(peak,P) 随着不同故障角度位置接触力的改变而改变。在故障为 230°~310° 的承载区间内,从图 4.20 可以看出,x 方向的接触力在 270° 时绝对值的值最小,y 方向的接触力在 270° 时绝对值的值最大,x 方向的接触力在 230° 和 310° 时绝对值的值最大,y 方向的接触力在 230° 和 310° 时绝对值的值最小;与图 4.22 相比较可以看出,故障点在 270° 时,x 方向的 P 绝对值最小,y 方向的 P 绝对值最大,故障点在 230° 和 310° 时,x 方向的 P 绝对值最大,y 方向的 P 绝对值最小。以上对比得出,不同故障位置处峰值大小是随着接触力的大小而改变的,x 方向与 y 方向的峰值比与 F_f 的变化曲线一致,由于 F_f 在 230°~310° 之间有较大斜率,可以通过计算斜率实现角度之间的精准定位。

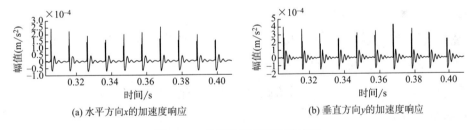

(a) 水平方向 x 的加速度响应   (b) 垂直方向 y 的加速度响应

图 4.21 外圈故障加速度响应图

在实际故障检测中,接触力的大小很难被状态监测到,而更容易识别振动信号的峰值特征。由此提出了一个水平垂直同步峰值比(horizontal vertical synchronization peak ratio,HVSPR)的故障定位方式,水平垂直同步峰值比计算式如下:

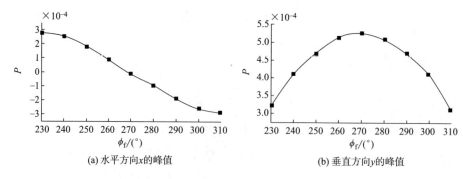

图 4.22　不同故障位置的峰值变化图

$$\text{HVSPR} = \frac{\sum_{i=1}^{N_{\text{m}}} \max \left| [x(i)] \right|}{\sum_{i=1}^{N_{\text{m}}} \max \left| [y(i)] \right|} \quad \begin{matrix} x(i) \in [N_{\text{n}}(i-1), N_{\text{n}}i] \\ y(i) \in [N_{\text{n}}(i-1), N_{\text{n}}i] \end{matrix} \quad (4.49)$$

式中，N_{m} 为采样数据中每个滚珠经过故障点的个数，$x(i)$ 和 $y(i)$ 分别为水平和垂直方向上的振动加速度，N_{n} 是采样数据中相邻的两个滚珠经过故障点的数量差值，N_{n} 与采样频率 f_{s} 和保持架角速度 ω_{c} 有关，计算式如下：

$$N_{\text{n}} = \frac{N_{\text{s}}}{f_{\text{s}} \omega_{\text{c}} N_{\text{b}}} \quad (4.50)$$

式中，N_{s} 是采样数据的数量。

　　通过数值计算，可以得出 HVSPR 与故障角度位置的正切曲线的绝对值有近似的映射关系，如图 4.23 所示。图 4.24(a) 与图 4.24(b) 相比较，可以看出 HVSPR 差值与正切曲线的绝对值更加贴合。因此，可以用 HVSPR 差值来计算故障角位置 ϕ_{f}：

$$\phi_{\text{f}} = \begin{cases} 270° - \arctan(\text{HVSPR} - \text{HVSPR}_{270°}), & P > 0 \\ 270° + \arctan(\text{HVSPR} - \text{HVSPR}_{270°}), & P < 0 \end{cases} \quad (4.51)$$

　　图 4.23 是通过上述定位方法所得出的相应变化曲线，与图 4.20(d) 所示的绝对值接触力变化曲线相比较，两者的变化曲线基本一致，由仿真方法可以验证其准确性。由于式 (4.49) 使用的是 P 的绝对值，所以无法判断故障点位置是发生在 270° 左侧还是右侧。因此，为判断剥落故障点的具体位置，从图 4.22 中

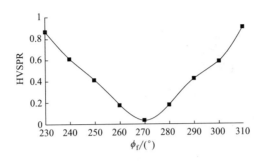

图 4.23　HVSPR 在故障范围 230°～310°的变化曲线

可以看出对于 P 在不同剥落故障角度位置的变化规律：在水平方向上，故障点位置小于 270°时，P 为正，故障点位置大于 270°时，P 为负；在垂直方向上，故障点位置小于 270°时，P 为负，故障点位置大于 270°时，P 为负。由此推出，可以用水平方向峰值正负来判断剥落故障点发生在 270°左侧还是右侧。

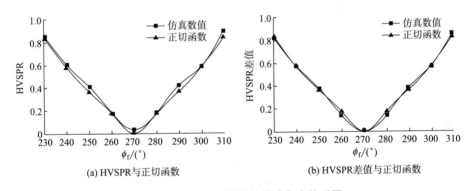

图 4.24　HVSPR 差值与故障角度关系图

表 4.2 中的 HVSRMS 指数和故障角度位置定位方法由文献[22]给出，计算式如下：

$$HVSRMS = \sqrt{\dfrac{\sum\limits_{i=1}^{N_s}\left[x(i)-\bar{x}\right]^2}{\sum\limits_{i=1}^{N_s}\left[y(i)-\bar{y}\right]^2}} \qquad (4.52)$$

$$\phi_{f(HVSRMS)} = 270° \pm \frac{HVSRMS}{s} \qquad (4.53)$$

其中,s 为近似直线斜率 0.02。

对表 4.2 中两种不同的定位指数,可以看出 HVSPR 的计算范围更广,而且从公式计算结果来看,HVSRMS 和 HVSPR 故障角度位置定位平均计算误差分别为 1.193° 和 0.778°,结果表明 HVSPR 的定位准确率更高,适用于判断球轴承的剥落故障。

表 4.2 HVSRMS 和 HVSPR 在 $\Delta\phi_f=1°$ 的定位角度数据

故障角度位置 ϕ_f	HVSRMS	HVSPR	公式计算结果 ϕ_f	
			HVSRMS	HVSPR
230°	—	0.863	—	230.31°
240°	0.566	0.607	241.7°	240.14°
250°	0.353	0.41	252.35°	249.34°
260°	0.167	0.177	261.65°	261.8°
270°	0.013	0.033	269.35°	270°
280°	0.167	0.177	278.35°	278.19°
290°	0.373	0.42	288.65°	291.15°
300°	0.593	0.581	299.65°	298.72°
310°	—	0.898	—	310.85°

综上所述,滚动轴承外圈剥落故障位置的流程图如图 4.25 所示。

本节以一种考虑撞击力的球轴承动力学振动模型作为基础,提出一种新的剥落故障定位方法,通过数值模拟和理论分析,得出以下结论:

(1)对于接触力在 x 方向与 y 方向的比值,可以得出,滚珠在承载区间内受到的接触力呈现出以 270° 为对称中心且单调递减的函数规律。

(2)球轴承外圈剥落故障在不同角度位置时,接触力在 x 方向以 270° 为对称中心先增大后减小,接触力在 y 方向以 270° 为对称轴向两端增长,每个滚珠经过故障点的 x 方向和 y 方向的 P 和接触力规律一致。

(3)在区分剥落故障点是在 270° 左侧还是右侧时,当故障在 270° 左侧,水平方向 P 为正值,垂直方向 P 为负值;当故障在 270° 右侧,水平方向 P 为负值,

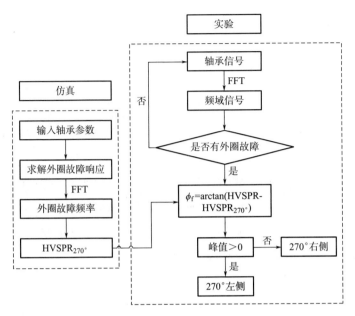

图 4.25　故障定位流程图

垂直方向 P 为负值。

（4）其他剥落故障位置与 270°的 HVSPR 差值呈现以 270°为中心的对称相交线,仿真结果与实验结果基本一致,并验证了 HVSPR 定位规律的准确性。

参考文献

[1] UDMALE S S,SINGH S K,BHIRUD S G. A bearing data analysis based on kurtogram and deep learning sequence models[J]. Measurement,2019,145:665-677.

[2] HAN L,YU C C,LIU C L,et al. Fault diagnosis of rolling bearings in rail train based on exponential smoothing predictive segmentation and improved ensemble learning algorithm[J]. Applied Sciences,2019,9(15):3143.

[3] KANG M,KIM J,KIM J M. An FPGA-based multicore system for real-time bearing fault diagnosis using ultrasampling rate AE signals[J]. IEEE Transactions on Industrial Electronics,

2015,62(4):2319-2329.

[4]KILUNDU B,CHIEMENTIN X,DUEZ J,et al. Cyclostationarity of Acoustic Emissions(AE)for monitoring bearing defects[J]. Mechanical Systems and Signal Processing,2011,25(6):2061-2072.

[5]GAO P,HOU L,YANG R,et al. Local defect modelling and nonlinear dynamic analysis for the inter-shaft bearing in a dual-rotor system[J]. Applied Mathematical Modelling,2019,68:29-47.

[6]MA H Q,FENG Z P. Planet bearing fault diagnosis using multipoint Optimal Minimum Entropy Deconvolution Adjusted[J]. Journal of Sound and Vibration,2019,449:235-273.

[7]LIU Y W,ZHU Y S,YAN K,et al. A novel method to model effects of natural defect on roller bearing[J]. Tribology International,2018,122:169-178.

[8]BAI X T,WU Y H,ROSCA I C,et al. Investigation on the effects of the ball diameter difference in the sound radiation of full ceramic bearings[J]. Journal of Sound and Vibration,2019,450:231-250.

[9]BAI X T,WU Y H,ZHANG K,et al. Radiation noise of the bearing applied to the ceramic motorized spindle based on the sub-source decomposition method[J]. Journal of Sound and Vibration,2017,410:35-48.

[10]LAKHDARI F,BELKHIR N,BOUZID D,et al. Relationship between subsurface damage depth and breaking strength for brittle materials[J]. The International Journal of Advanced Manufacturing Technology,2019,102(5):1421-1431.

[11]GOVARDHAN T,CHOUDHURY A. Fault diagnosis of dynamically loaded bearing with localized defect based on defect-induced excitation[J]. Journal of Failure Analysis and Prevention,2019,19(3):844-857.

[12]PETERSEN D,HOWARD C,SAWALHI N,et al. Analysis of bearing stiffness variations,contact forces and vibrations in radially loaded double row rolling element bearings with raceway defects[J]. Mechanical Systems and Signal Processing,2015,50/51:139-160.

[13]ZHAI H X,HUANG Y,WANG C G,et al. Toughening by multiple mechanisms in ceramic-matrix composites with discontinuous elongated reinforcements[J]. Journal of the American Ceramic Society,2004,83(8):2006-2016.

［14］SHI H T,LIU Z M,BAI X T,et al. A theoretical model with the effect of cracks in the local spalling of full ceramic ball bearings［J］. Applied Sciences,2019,9(19):4142.

［15］LIU J,SHAO Y M. Dynamic modeling for rigid rotor bearing systems with a localized defect considering additional deformations at the sharp edges［J］. Journal of Sound and Vibration, 2017,398:84-102.

［16］LIU Y Q,CHEN Z G,TANG L,et al. Skidding dynamic performance of rolling bearing with cage flexibility under accelerating conditions［J］. Mechanical Systems and Signal Processing, 2021,150:107257.

［17］CHEN G,QU M J. Modeling and analysis of fit clearance between rolling bearing outer ring and housing［J］. Journal of Sound and Vibration,2019,438:419-440.

［18］CUI L L,HUANG J F,ZHANG F B. Quantitative and localization diagnosis of a defective ball bearing based on vertical – horizontal synchronization signal analysis［J］. IEEE Transactions on Industrial Electronics,2017,64(11):8695-8706.

［19］冯江华. 基于改进磁链峰值能量法的牵引电机轴承故障诊断［J］. 中南大学学报(自然科学版),2021,52(4):1380-1388.

［20］李昊泽,贺雅,冯坤,等. 考虑时变激励的滚动轴承局部故障动力学建模［J］. 航空学报, 2022,43(8):625176.

［21］CUI L L,WU N,MA C Q,et al. Quantitative fault analysis of roller bearings based on a novel matching pursuit method with a new step-impulse dictionary［J］. Mechanical Systems and Signal Processing,2016,68/69:34-43.

［22］CUI L L,HUANG J F,ZHANG F B,et al. HVSRMS localization formula and localization law: Localization diagnosis of a ball bearing outer ring fault［J］. Mechanical Systems and Signal Processing,2019,120:608-629.

第5章 宽温域动力学行为与故障诊断

科技的不断发展拓展了轴承转子系统的应用领域,也对系统中滚动轴承的服役性能提出了更高的要求。在航空航天、核电、超高速机床等高精尖领域内,轴承转子系统长期工作于超高速、高温、乏油等极端环境下,传统钢制轴承不能满足使用需求。全陶瓷球轴承采用氮化硅、氧化锆等工程陶瓷作为轴承内圈、外圈及滚动体材料,具有密度小、刚度大、硬度高、抗热震性好、耐磨性好等优点,在高速(>30000r/min)、高温(>226.85℃)、乏油等极端工况下能够保持较高的工作精度,在各类极端工况下得到了广泛的应用[1-2]。然而,全陶瓷球轴承外圈与钢制轴承座热变形系数相差较大,导致在宽温域下配合间隙出现明显波动,严重影响了轴承运转精度[3-4]。因此,考虑热变形差异因素,对全陶瓷球轴承进行建模分析,有助于获取不同温度下配合间隙对全陶瓷球轴承动态特性的影响机制,对于提升轴承转子系统服役性能具有重要意义。本章以前文建立的全陶瓷轴承转子系统动力学模型为基础,首先对宽温域情况下陶瓷轴承与钢制轴承座的热变形情况进行推导与分析,之后改变运行工况,对轴承工作温度、轴承转速等因素对动态特性的影响情况进行研究,得出宽温域下陶瓷轴承动力学行为的变化趋势。并对宽温域内存在故障的全陶瓷轴承进行分析,得到宽温域下故障轴承的动力学响应,为宽温域下故障诊断提供分析依据。

国内外学者对于全陶瓷轴承动力学问题已经开展了一系列研究,目前全陶瓷轴承主要研究方向为考虑阻尼和润滑油膜对角接触球轴承动态特性影响、非线性弹性流体作用与打滑问题[5-7],主要研究方法为理论结合实验,在不同情况下对全陶瓷轴承进行分析。本章中,对陶瓷轴承的宽温域下动力学行为与故障诊断进行研究,对宽温域陶瓷轴承与存在故障情况的陶瓷轴承进行参数化表征,这对于全陶瓷轴承的运行状态监测及服役性能优化具有重要意义。

5.1 温变配合间隙对陶瓷球轴承动力学模型的影响

对于大多数轴承转子系统,外圈安装在固定底座上,内圈与转子一起运行。通常外圈与底座之间有间隙,方便组装,如图 5.1(a)所示。在宽温度范围的工作条件下,由于物理性质的不同,外圈与底座之间的热变形差异变化较大,导致间隙发生变化。热变形前后的支座和外圈结构如图 5.1(b)所示。

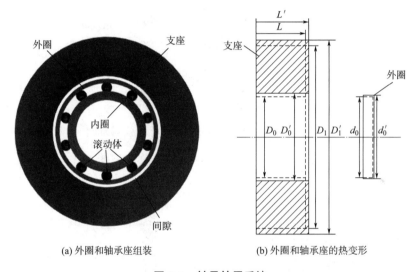

(a) 外圈和轴承座组装   (b) 外圈和轴承座的热变形

图 5.1 轴承转子系统

图 5.1(b)中虚线为变形前边界,实线为变形后边界。D_0 为支座变形前的孔径,D_0' 为变形后的孔径;d_0、d_0' 为外圈直径,L、L' 分别为变形前后轴承座轴向尺寸。滚珠轴承的外圈宽度相对较小,轴向变形可以忽略不计。对于陶瓷外圈,热变形可表示为:

$$d_0' = d_0 \cdot (1 + \alpha_o \cdot \Delta T) \qquad (5.1)$$

式中,α_o 为外圈热变形系数,ΔT 为温度范围。对于钢轴承座,热变形发生在径向和轴向,支座体积从 V 向 V' 变化。忽略各向异性的影响,假定各方向的变形是均匀的,基于热变形理论,此时轴承座变形前后参数变化为:

$$D'_1 = D_1(1 + \alpha_p \cdot \Delta T) \tag{5.2}$$

$$L' = L(1 + \alpha_p \cdot \Delta T) \tag{5.3}$$

此时钢制轴承座体积变化可以表示为:

$$V = \frac{\pi(D_1^2 - D_0^2)}{4} \cdot L \tag{5.4}$$

$$V' = \frac{\pi(D_1'^2 - D_0'^2)}{4} \cdot L' \tag{5.5}$$

此时 D'_0 可以表示为:

$$D'_0 = \sqrt{\frac{D_1^2(1 + \alpha_p \Delta T)^3 - (D_1^2 - D_0^2)(1 + 3\alpha_p \Delta T)}{1 + \alpha_p \Delta T}} \tag{5.6}$$

式中,α_p 为轴承座热变形系数。则热变形后的配合间隙 δ'_0 可以表示为:

$$\delta'_0 = D'_0 - d'_0 \tag{5.7}$$

考虑到外圈与底座之间与温度相关的间隙,全陶瓷球轴承与钢底座之间的接触如图 5.2 所示,忽略重力引起的各向异性,认为热变形在所有径向上是均匀的。

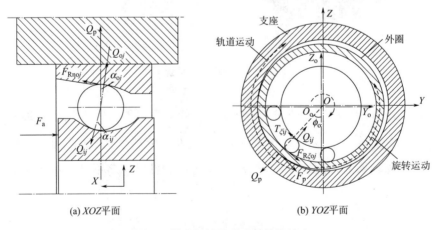

(a) XOZ平面   (b) YOZ平面

图 5.2 轴承与轴承座之间的接触力

在图 5.2 中，坐标系 $\{O;X,Y,Z\}$ 为参考坐标系，$\{O_o;X_o,Y_o,Z_o\}$ 表示以外圈运动中心为原点的坐标系。轴承轴向为 OX 方向；OY 和 OZ 是径向。忽略 OX 和 O_oX_o 之间的角偏差。Q_{ij} 为内环与第 j 个滚动体之间的接触力；Q_{oj} 是第 j 个滚动体与外圈之间的接触力。α_{ij} 和 α_{oj} 分别为内、外环的接触角，$F_{R\eta oj}$ 和 $F_{R\xi oj}$ 分别为 XOZ 和 YOZ 平面上的摩擦力。$T_{\xi ij}$ 为内环产生的牵引力。F_a 为轴向预紧力；当忽略外圈的轴向变形时，可以认为轴承是轴向固定在轴承座上的。

内环通过过盈配合与转子连接；内环与转子之间的运动可以忽略。外圈与底座接触，外圈方位角为 ϕ_o。Q_p 和 F_p 分别为外圈与底座之间的接触压力和摩擦力。当内环顺时针旋转时，球体受到牵引力 $T_{\xi ij}$ 的牵引，同时进行自动旋转和轨道运动。支座受摩擦力 $F_{R\xi oj}$ 作用产生逆时针旋转趋势；支座上的摩擦力 F_p 方向如图 5.2(b) 所示。作用在外圈上的摩擦力方向与 F_p 方向相反；外圈沿底座孔顺时针做轨道运动。此时，外环的运动是逆时针旋转和顺时针轨道运动的结合。轴承外圈与轴承座存在配合间隙时，外圈中心 O_o 与轴承座中心 O 不一致。O_o 与 O 之间的距离为 e_o，e_o 可以表示为：

$$e_o = \sqrt{y_o^2 + z_o^2} \tag{5.8}$$

式中，y_o 和 z_o 分别表示外圈中心 O_o 在参考系 $\{O;X,Y,Z\}$ 中的位置，外圈中心 O_o 的方位角 ϕ_o 可以表示为：

$$\begin{cases} \sin\phi_o = \dfrac{y_o}{e_o} \\[2mm] \cos\phi_o = \dfrac{z_o}{e_o} \end{cases} \tag{5.9}$$

陶瓷轴承外圈刚度远大于钢制轴承座，因此接触变性可以认为只发生在轴承座上，对于外圈径向尺寸没有影响。这意味着只有当：

$$e_o \geqslant \frac{\delta_0'}{2} \tag{5.10}$$

时，外圈与轴承座发生接触，不满足条件时外圈与轴承座未发生接触。假设接触力在小变形范围内满足赫兹接触理论，则接触力可以表示为：

$$\begin{cases} Q_{\mathrm{p}} = k_{\mathrm{p}} \cdot \left(e_{\mathrm{o}} - \dfrac{D_0' - d_0'}{2} \right) \\[3mm] F_{\mathrm{p}} = f_{\mathrm{p}} \cdot Q_{\mathrm{p}} \cdot \dfrac{\dot{y}_{\mathrm{o}}\cos\phi_{\mathrm{o}} - \dot{z}_{\mathrm{o}}\sin\phi_{\mathrm{o}} + \omega_{\mathrm{o}} \cdot d_0'/2}{|\dot{y}_{\mathrm{o}}\cos\phi_{\mathrm{o}} - \dot{z}_{\mathrm{o}}\sin\phi_{\mathrm{o}} + \omega_{\mathrm{o}} \cdot d_0'/2|} \end{cases} \qquad (5.11)$$

式中,k_{p} 为轴承座接触刚度,f_{p} 为轴承座与轴承外圈间的摩擦系数,$\dot{y}_{\mathrm{o}}$ 和 $\dot{z}_{\mathrm{o}}$ 分别表示外圈在 OY 与 OZ 方向上的振动速度,ω_{o} 表示外圈转速。式(5.11)仅在满足式(5.10)时成立,当不满足式(5.10)时,外圈与轴承座不接触,此时 $Q_{\mathrm{p}} = F_{\mathrm{p}} = 0$。假设轴承座孔与轴承外圈受热膨胀不影响轴承轴向振动,则轴承外圈径向振动微分方程可表示为:

$$\sum_{j=1}^{N} \left[-\left(Q_{oj}\cos\alpha_{oj} + F_{\mathrm{R}\eta oj}\sin\alpha_{oj} \right)\sin\phi_j + F_{\mathrm{R}\xi oj}\cos\phi_j \right] - Q_{\mathrm{p}}\sin\phi_{\mathrm{o}} + F_{\mathrm{p}}\cos\phi_{\mathrm{o}} = m_{\mathrm{o}}\ddot{y}_{\mathrm{o}}$$

$$(5.12)$$

$$\sum_{j=1}^{N} \left[-\left(Q_{oj}\cos\alpha_{oj} + F_{\mathrm{R}\eta oj}\sin\alpha_{oj} \right)\cos\phi_j - F_{\mathrm{R}\xi oj}\sin\phi_j \right] - Q_{\mathrm{p}}\cos\phi_{\mathrm{o}} - F_{\mathrm{p}}\sin\phi_{\mathrm{o}} = m_{\mathrm{o}}\ddot{z}_{\mathrm{o}}$$

$$(5.13)$$

$$\sum_{j=1}^{N} \left[F_{\mathrm{R}\xi oj} \cdot \left(\frac{d_{\mathrm{m}}}{2} + \frac{d_{\mathrm{b}}}{2}\cos\alpha_{oj} \right) \right] + F_{\mathrm{p}} \cdot d_0' = J_{\mathrm{o}} \cdot \dot{\omega}_{\mathrm{o}} \qquad (5.14)$$

式中,ϕ_j 是第 j 个滚动体的方位角,m_{o} 是外圈的质量,N 是滚动体的总数,$\ddot{y}_{\mathrm{o}}$ 和 $\ddot{z}_{\mathrm{o}}$ 分别是外圈在 OY 和 OZ 方向上的加速度,d_{m} 是轴承的节径,d_{b} 是球直径。J_{o} 为外圈的转动惯量,$\dot{\omega}_{\mathrm{o}}$ 为外圈的角加速度,Q_{oj}、$F_{\mathrm{R}\eta oj}$、$F_{\mathrm{R}\xi oj}$ 为轴承元件之间的力。

设初始时刻 $t = 0$ 时,第 j 个球的方位角为 $\phi_j = 0°$ 时,外圈与底座在 $\phi_{\mathrm{o}} = 0°$,假设初始温度为 $T_0 = 100\mathrm{K}$,T_0 时的初始间隙为 $0.003\mathrm{mm}$。模拟过程中全陶瓷球轴承为 7009C 型,轴承与轴承座主要结构参数见表 5.1。轴承与转轴部件性能见表 5.2。

表 5.1 T_0 温度下全陶瓷球轴承和轴承座几何尺寸

参数	取值
轴承外径/mm	75
接触角/(°)	15

参数	取值
轴承宽度/mm	16
滚动体直径/mm	9.5
滚动体个数/个	17
内圈外径/mm	54.2
内圈内径/mm	45
轴承座外径/mm	170
轴承座孔径/mm	75
轴承座宽度/mm	50

表 5.2　轴承与转轴部件参数特性

参数	取值
轴承密度/(kg/m^3)	3100
轴承座密度/(kg/m^3)	7850
轴承弹性模量/Pa	3.3×10^{11}
轴承座弹性模量/Pa	2.16×10^{11}
轴承座热变形系数/(1/K)	1.25×10^{-5}
轴承热变形系数/(1/K)	2.8×10^{-6}
轴承座接触刚度/(N/m)	2.5×10^8

设轴承转速为 24000r/min,轴向预紧力为 $F_a = 1000$N,径向载荷为 100N,轴承部件之间的摩擦系数为 0.1,外圈与轴承座之间的摩擦系数为 0.2。T 为工作温度,表示为 $T = \Delta T + T_0$。仿真过程温度范围 $T = 100 \sim 600$K,步长为 100K。外圈和底座之间的接触力对轴承动力学至关重要,并随着外圈位置的变化而变化。在轴承转动过程中,$Q_{pm}(\theta)$ 为 Q_p 在 θ 方位角上的最大值。在这里,设 OZ 的负方向为 $\theta = 0$;θ 的计算步长为 10°。不同工作温度下的 Q_{pm} 值如图 5.3 所示。

如图 5.3 所示,当温度从 100K 增加到 300K 时,最大接触力在圆周上增加,因为当温度增加时,配合间隙增加,产生更大的离心力。当外圈沿着底座的孔移动时,离心力通过外圈传递到底座,导致接触力增加。然而,随着温度的持续升高,配合间隙变得大于轴承的振动幅度,并且环的运动不能覆盖底座的孔。

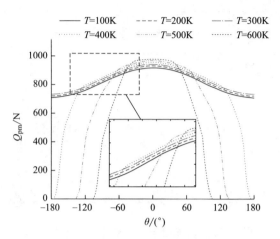

图 5.3　不同工作温度下最大接触力的周向分布

因此,外圈在孔的顶部位置与底座脱离接触,在这些位置上没有接触力。从图 5.3 中可以观察到,最大接触力通常随工作温度而增加,但外圈和底座之间的接触面积逐渐减小。然后外环 y_o 和 z_o 的运动可以通过式(5.13)、式(5.14)获得。为了清楚地了解轴承振动强度变化,选择径向速度 $\dot{y}_o$ 和 $\dot{z}_o$ 作为模拟的指标。选择内圈的转速为 15000r/min,振动速度信号分别在 $T=100$K 和 300K 的温度下计算,结果如图 5.4 所示。

由图 5.4 可见,各阶倍频成分随温度升高均呈现递增趋势,偶数阶频率幅值要大于相邻奇数阶。这是由于考虑配合间隙的影响,轴承外圈呈现松动特征,随着工作温度升高,配合间隙增大,轴承活动区域也变大。轴承外圈松动使外圈振动信号中包含倍频成分,随着振动幅度的增长各倍频成分均呈现递增趋势。在工作温度由 100K 升高至 400K 的过程中,各倍频成分幅值增长明显,随着温度继续升高,各倍频成分幅值增长幅度出现减缓趋势。这是由于考虑轴承外圈松动情况下,外圈振动主要源于外圈与轴承座之间的摩擦与撞击。在既定转速下,轴承振动幅度并不能无限增大,随着配合间隙继续增大,外圈振动幅度接近阈值,外圈与轴承座之间的摩擦与撞击增长减缓,因此各倍频成分振动幅值增长率下降。

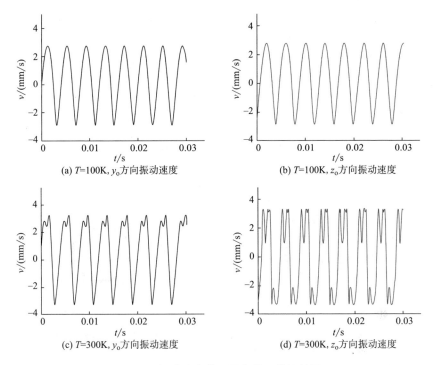

图 5.4　振动速度在不同条件下模拟结果

从图 5.4 中可以看出,当温度从 100K 增加到 300K 时,速度幅度略有增加,但信号的波动变得更加明显。在 $T=100K$ 时,振动信号的时域波形相对平滑,模拟信号基本上沿径向呈正弦规律变化。但当工作温度升高到 $T=300K$ 时,信号上出现更多波动,表明圆周上发生局部冲击,从而导致径向碰撞。外圈中心的轨迹对于详细研究外圈的运动至关重要,不同温度下外圈中心 O_o 的轨迹如图 5.5 所示。

如图 5.5 所示,当温度范围为 100~300K 时,O_o 的轨迹近似为圆形,外圈的运动覆盖了基座的孔。当温度超过 400K 时,轨迹的不规则部分出现,表明外圈未与底座完全接触。随着工作温度的升高,轨迹的不规则性变得明显。由于基座的弹性变形,外圈在下半圆中的位移比在上半圆中大,并且随着温度的升高,下半圆和上半圆中垂直位移之间的差异变得更加明显。

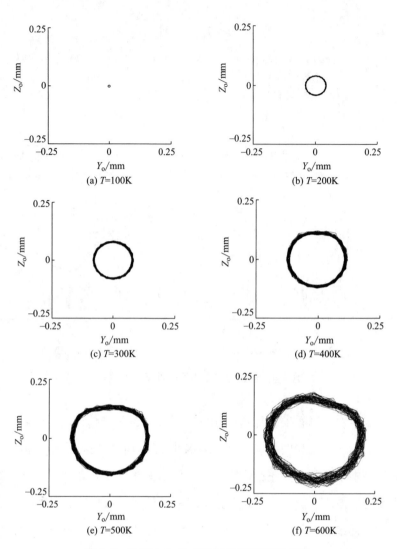

图 5.5　外圈中心 O_o 在不同温度下模拟结果

5.2　宽温域全陶瓷球轴承外圈运动分析

考虑到外圈和底座之间的摩擦力,外圈和底座的相对运动是滚动和滑动的组合,需要研究理想滚动和理想滑动这两种极端情况,以评估外圈的动态性能。

外圈和底座之间的相对运动如图 5.6 所示。

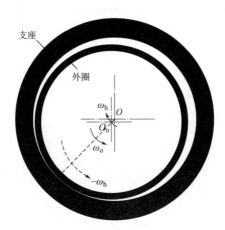

图 5.6　外圈和底座之间的相对运动

在图 5.6 中，ω_o 为外圈的旋转速度，ω_h 为 O—O_o 的轨道速度。轨道旋转（OSR）用于评估外圈的旋转，定义为：

$$\text{OSR} = \frac{\omega_h}{\omega_o} \tag{5.15}$$

对于理想的滚动，外圈绕 O 点旋转；整体运动可以被视为绕 O—O_o 的公转。设置反向转速 $-\omega_h$ 以使 O—O_o 静止。在反向系统中，外圈的转速变为 $\omega_o - \omega_h$，底座的转速为 $-\omega_h$。假设接触变形对圆周的影响最小，那么对于理想的滚动情况：

$$\frac{\omega_h}{\omega_o} = \frac{D'_0}{D'_0 - d'_0} \tag{5.16}$$

对于理想的滑动，外圈仅围绕 O_o 旋转，轨道速度 $\omega_h = 0$。在大多数情况下，滚动和滑动同步发生，理论上 OSR 在 0 和 $D'_0/(D'_0 - d'_0)$ 之间变化。可以推断，OSR 的增加表明外圈和轴承座之间的轨道运动和滚动增加，OSR 是评估轴承动态的指标。

5.2.1　温度对宽温域全陶瓷球轴承外圈转速影响分析

外圈在底座孔中的运动是公转和自转的结合。轨道速度 $\omega_h = \dot{\varphi}_0$ 可通过

127

式(5.12)和式(5.13)中 O_o 的位置获得,旋转速度 ω_o 可通过式(5.15)获得。不同温度下的 OSR 如图 5.7 所示。

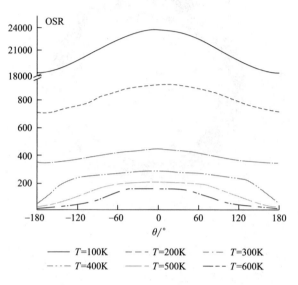

图 5.7 不同温度下的轨道旋转比

如图 5.7 所示,OSR 也随温度变化。对于 $T=100\sim300\text{K}$,OSR 在圆周上的趋势几乎是正弦函数,表明 OSR 与接触力有关。随着工作温度的升高,两侧的 OSR 开始降低。根据上文讨论的理想滚动和理想滑动情况,理论上,OSR 范围应为 0 和 $D_0'/(D_0'-d_0')$。然而,由于惯性,即使在非接触区域,轨道速度也不会降低到零,并且很难在摩擦系数小的情况下实现理想的滚动条件。结果,OSR 范围小于理论值的范围,并且不同温度下的 OSR 值不是特别有用。由于不同温度下的轨道自旋比不在同一数量级,因此在没有归一化的情况下,很难基于 OSR 来评估外环的运动。为了规范 OSR 的性能,定义了两个参数:

$$\begin{cases} M_{\text{OSR}} = \dfrac{\text{OSR}_{\text{m}}}{\text{OSR}_{\text{p}}} \\[2mm] A_{\text{OSR}} = \dfrac{\overline{\text{OSR}}}{\text{OSR}_{\text{p}}} \end{cases} \tag{5.17}$$

式中,OSR_{m} 是圆周上的最大值,OSR_{p} 是式(5.17)中获得的理想滚动条件下的

峰值,$\overline{\mathrm{OSR}}$ 是 OSR 的平均值。M_{OSR} 和 A_{OSR} 随温度的变化趋势如图 5.8 所示。

M_{OSR} 和 A_{OSR} 均随温度升高而降低。从 100K 到 600K,M_{OSR} 降低了 10.23%,A_{OSR} 降低了 46.82%,这表明在较低温度下,滚动在外圈的运动中占据更大的比例,并且随着温度的升高,滑动更加频繁地发生。M_{OSR} 和 A_{OSR} 更直接地展示了轴承的动态性能,可以作为不同条件下的指标。

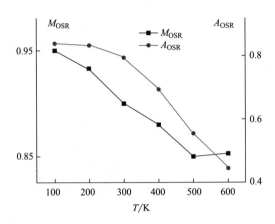

图 5.8 M_{OSR} 和 A_{OSR} 随温度的变化趋势

5.2.2　转速对宽温域全陶瓷球轴承外圈转速影响分析

这里,温度恒定在 $T = 500\mathrm{K}$,内圈的转速以 5000r/min 的步长从 5000r/min 变化到 30000r/min。轴向预载荷 $F_{\mathrm{a}} = 1000\mathrm{N}$,径向载荷 $F_{\mathrm{r}} = 100\mathrm{N}$。不同转速下的 OSR 变化如图 5.9 所示。

图 5.9 显示 OSR 也受到转速的影响。随着转速的增加,OSR 的最大值增加,曲线的形状在 0°附近变陡。当 $T = 500\mathrm{K}$ 时,OSR 的最大值出现在 0°附近,但 OSR 的差异在图形上并不明显。M_{OSR} 和 A_{OSR} 随转速的变化如图 5.10 所示,M_{OSR} 和 A_{OSR} 随转速呈现不同的趋势。理论峰值 $\mathrm{OSR_p}$ 在恒定温度下没有变化,M_{OSR} 和 A_{OSR} 显示出 $\mathrm{OSR_m}$ 和 $\overline{\mathrm{OSR}}$ 的趋势,当转速增加时,轴承的离心力显著增加,导致外圈和底座之间的接触力增加。最大 OSR 出现在 0°附近,如图 5.9 所

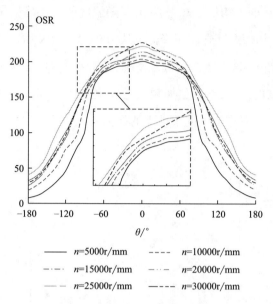

图 5.9　不同转速下的轨道旋转比

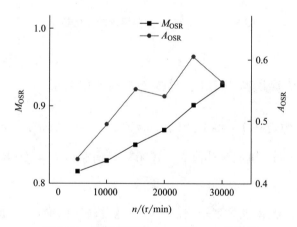

图 5.10　不同转速下 M_{OSR} 和 A_{OSR} 的变化

示,并且由于外环滑动减少而增加。然而,A_{OSR} 的曲线在 $n=15000r/min$ 和 $n=30000r/min$ 之间波动,表明外圈和底座之间的接触面积更多地取决于振动幅度,并且受到系统临界速度的影响。如图 5.10 所示,与 $n=15000r/min$ 和 $n=25000r/min$ 相比,$n=20000r/min$ 和 $n=30000r/min$ 的曲线急剧变化,表明外圈的滑动变得更明显,接触区域在 $n = 20000\mathrm{r/min}$ 和 $n = 30000\mathrm{r/min}$ 时,外圈和底座之间的间隙变小。

5.3　宽温域内配合间隙引起的全陶瓷球轴承滚道缺陷频率偏差

当滚道上出现缺陷时,滚珠依次通过缺陷区域,滚动体由于经过缺陷处而产生冲击,如图 5.11 所示。

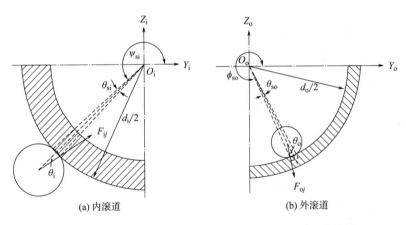

(a) 内滚道　　　　　(b) 外滚道

图 5.11　当内滚道和外滚道出现缺陷时,球和环之间的接触

在图 5.11 中,ψ_{si} 表示内滚道上缺陷的方位角,ϕ_{so} 显示外滚道上缺陷的方位角,并且缺陷的尺寸由 θ_{si} 和 θ_{so} 表示。所以,对于内滚道有缺陷的情况,当第 j 个滚动体进入缺陷区域时,它首先与内滚道失去接触,然后在 $\psi_j = \psi_{\mathrm{si}}$ 时,对滚道产生影响。F_{ij} 是当 $\psi_j = \psi_{\mathrm{si}}$ 作用在内圈上的接触力。在 $\psi_j = \psi_{\mathrm{si}}$ 时,θ_{i} 表示 F_{ij} 和 ψ_{si} 之间的角度,可表示为:

$$\sin\theta_{\mathrm{i}} = \frac{d_{\mathrm{i}}}{d_{\mathrm{b}}} \cdot \sin\frac{\theta_{\mathrm{si}}}{2} \tag{5.18}$$

假设球在跑道上的运动是纯滚动的,并且球的轨道速度可以表示为:

$$\omega_{\mathrm{m}} = \frac{\omega_{\mathrm{i}} d_{\mathrm{i}} + \omega_{\mathrm{o}} d_{\mathrm{o}}}{2 d_{\mathrm{m}}} (1 + \alpha_{\mathrm{o}} \cdot \Delta T) \tag{5.19}$$

F_{ij} 可以表示为:

$$F_{ij} = \frac{m_{\mathrm{i}} (\omega_{\mathrm{i}} - \omega_{\mathrm{m}})^2 d_{\mathrm{i}} \cos \dfrac{\theta_{\mathrm{si}}}{2}}{2 \cos \theta_{\mathrm{i}}} (1 + \alpha_{\mathrm{o}} \cdot \Delta T) \tag{5.20}$$

因此,当内滚道上发生冲击时,内圈动力学方程为:

$$F_{\mathrm{e}} \cos\phi_{\mathrm{i}} - \sum_{j=1}^{N} \left[Q_{ij} \cos\psi_j + F_{\mathrm{R}ij} \sin\psi_j + F_{ij} \cos(\psi_{\mathrm{si}} - \theta_{\mathrm{i}}) \right] = m_{\mathrm{i}} \ddot{y}_{\mathrm{i}} \tag{5.21}$$

$$F_{\mathrm{e}} \sin\phi_{\mathrm{i}} - \sum_{j=1}^{N} \left[Q_{ij} \sin\psi_j - F_{\mathrm{R}ij} \cos\psi_j + F_{ij} \sin(\psi_{\mathrm{si}} - \theta_{\mathrm{i}}) \right] - m_{\mathrm{i}} g = m_{\mathrm{i}} \ddot{z}_{\mathrm{i}}$$

$$\tag{5.22}$$

对于外滚道上有缺陷的情况,F_{oj} 是 $\phi_j = \phi_{\mathrm{so}}$ 时的接触力。所以,当 $\phi_j = \phi_{\mathrm{so}}$ 时,θ_{o} 是 F_{oj} 和 ϕ_{so} 的夹角,可以表示为:

$$\sin\theta_{\mathrm{o}} = \frac{d_{\mathrm{o}}}{d_{\mathrm{b}}} \cdot \sin\frac{\theta_{\mathrm{so}}}{2} \tag{5.23}$$

F_{oj} 可以表示为:

$$F_{oj} = \frac{m_j (\omega_{\mathrm{m}} - \omega_{\mathrm{o}})^2 \left(d_{\mathrm{o}} \cos \dfrac{\theta_{\mathrm{so}}}{2} - d_{\mathrm{b}} \cos\theta_{\mathrm{o}} \right)}{2 \cos\theta_{\mathrm{o}}} (1 + \lambda_{\mathrm{o}} \cdot \Delta T) \tag{5.24}$$

当外滚道上发生冲击时,外圈动力学方程应为:

$$\sum_{j=1}^{N} \left[Q_{oj} \cos\phi_j - F_{\mathrm{R}oj} \sin\phi_j + F_{oj} \cos(\phi_{\mathrm{so}} - \theta_{\mathrm{o}}) \right] - Q_{\mathrm{p}} \cos\phi_{\mathrm{o}} + F_{\mathrm{p}} \sin\phi_{\mathrm{o}} = m_{\mathrm{o}} \ddot{y}_{\mathrm{o}}$$

$$\tag{5.25}$$

$$\sum_{j=1}^{N} \left[Q_{oj} \sin\phi_j + F_{\mathrm{R}oj} \cos\phi_j + F_{oj} \sin(\phi_{\mathrm{so}} - \theta_{\mathrm{o}}) \right] - Q_{\mathrm{p}} \sin\phi_{\mathrm{o}} - F_{\mathrm{p}} \cos\phi_{\mathrm{o}} - m_{\mathrm{o}} g = m_{\mathrm{o}} \ddot{z}_{\mathrm{o}}$$

$$\tag{5.26}$$

$$\sum_{j=1}^{N} \left[\frac{F_{\mathrm{R}oj} \cdot d_{\mathrm{o}} (1 + \lambda_{\mathrm{o}} \cdot \Delta T)}{2} \right.$$

$$-\frac{m_j(\omega_m - \omega_o)^2\left(d_o\cos\dfrac{\theta_{so}}{2} - d_b\cos\theta_o\right)\cdot\tan\theta_o d_o(1 + \lambda_o \cdot \Delta T)^2}{4}\Bigg]$$

$$-\frac{F_p d_o(1 + \lambda_o \cdot \Delta T)}{2} = J_o \cdot \dot{\omega}_o$$

$$(5.27)$$

5.3.1　温度对存在内圈故障的宽温域全陶瓷球轴承动态响应的影响

假设在时间 $t = 0$、$j = 1$ 的球位于 $y_j = 0°$，外圈与底座接触角 $\phi_o = 0°$，径向载荷设置为 100N。然后通过迭代计算可以获得内圈和外圈的动态响应。此处，初始温度设置为 $T_0 = 100K$，初始配合间隙 δ_0 为 0.003mm。表 5.3 列出了全陶瓷球轴承和轴承座的结构参数。

表 5.3　陶瓷球轴承和底座的参数

项目	参数
轴承中径/英寸	1.318
接触角/(°)	0
轴承宽度/mm	15
滚动体直径/英寸	0.3125
滚动体个数/个	8
轴承座直径/mm	120
轴承座宽度/mm	10

底座由钢制成，全陶瓷球轴承的滚珠和环由氮化硅制成。轴承部件的物理参数见表 5.4。

表 5.4　轴承部件的物理参数

项目	参数
轴承密度/(kg/m^3)	3100
轴承座密度/(kg/m^3)	7850

续表

项目	参数
轴承弹性模量/Pa	3.3×10^{11}
轴承座弹性模量/Pa	2.16×10^{11}
轴承座热变形系数/(1/K)	1.25×10^{-5}
轴承热变形系数/(1/K)	2.8×10^{-6}
轴承座接触刚度/(N/m)	2.5×10^{8}

最大温度范围 ΔT 在模拟中设置为 500K,工作温度 T 可表示为 $T = T_0 + \Delta T$,内圈的逆时针旋转速度设置为 2400r/min,径向载荷设置为 100N。假设滚道的形状是理想的圆弧,球体是直径相同的理想球体,则忽略表面波纹度和形状误差的影响。轴承部件之间的摩擦系数为 0.1,外圈与底座之间的摩擦系数为 0.2,未考虑外部冲击。在初始时间 $t = 0$,缺陷位于 $\psi_{si} = 0°$。缺陷的大小为 $\theta_{si} = 2°$,且球不与缺陷底部接触。温度步长为 100K,计算的时间步长为 0.0004s,不同温度下的动态响应如图 5.12 所示。

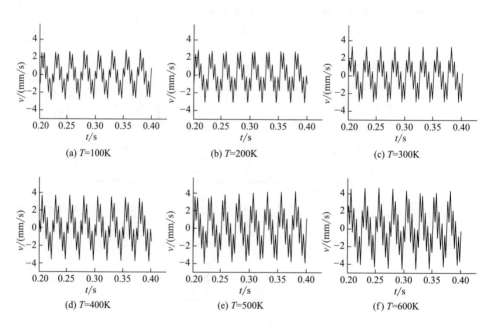

图 5.12 不同温度下内环的垂直速度

从图 5.12 中可以看出,内环的速度近似于正弦变化,并且振幅随着工作温度逐渐增加。峰值在时域中周期性地出现,这是由对缺陷区域的影响引起的。为了获得各速度中的频率分量,通过 FFT 对结果进行处理,分析频率为 2500Hz,如图 5.13 所示。

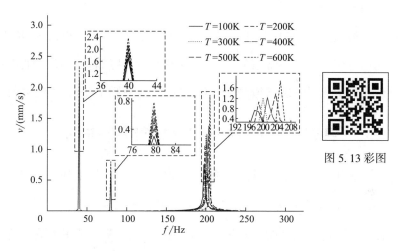

图 5.13 彩图

图 5.13　内环速度的频域结果

如图 5.13 所示,内环速度中包含的频率分量与旋转频率和缺陷频率相关。显然,40Hz 和 80Hz 处的峰值对应于旋转频率和双倍旋转频率,200Hz 附近的峰值是缺陷频率。表 5.5 给出了不同温度下每个峰值的缺陷频率和振幅。

表 5.5　不同温度下内圈振动的峰值频率和振幅

温度/K	旋转频率下的振幅/(mm/s)	加倍旋转时的振幅/(mm/s)	缺陷频率/Hz	缺陷频率下的振幅/(mm/s)
100	1.7	0.3	197.4	0.72
200	1.75	0.42	198.65	1.08
300	1.86	0.5	199.9	1.21
400	1.99	0.58	201.15	1.24
500	2.14	0.68	203.65	1.39
600	2.35	0.8	204.9	1.87

与旋转频率相对应的峰值最高,这意味着轴承间隙和配合间隙引起的离心

力对内圈振动的贡献最大。在结果中也可以看到双倍的旋转频率,但振幅要小得多。随着配合间隙随工作温度的增加而增加,最大偏心率增加,来自转子和内圈的离心力增加,从而导致旋转频率相关部件的振幅增加。随着离心力的增加,球穿过缺陷区域的冲击也变得更严重,缺陷频率的幅度也随着温度而增加,如图 5.13 所示。

根据式(5.27),当外圈随着配合间隙的增加而变松时,外圈开始旋转。外圈的旋转方向与内圈相反,根据纯滚动假设,球的轨道速度降低,然后内圈和滚珠之间的相对速度增加,内滚道上缺陷的特征频率变大,其趋势与表 5.5 一致。

5.3.2 温度对存在外圈故障的宽温域全陶瓷球轴承动态响应的影响

工作条件参数的设置与前一节相同,温度范围为 $100 \sim 600K$。在初始时间 $t = 0$ 时,缺陷设置为 $\phi_{so} = 270°$,缺陷的开口角为 $\theta_{so} = 2°$。在旋转过程中,球不会碰到缺陷的底部。时间步长为 $0.0004s$,然后计算外圈的垂直速度 $\dot{z}_o$,如图 5.14 所示。

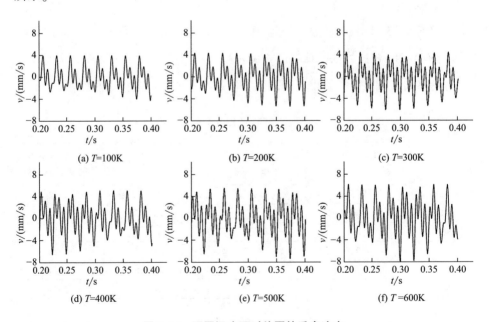

图 5.14 不同温度下时外圈的垂直速度

与图 5.12 所示的内环垂直动态响应相似,外环的垂直振动表现出明显的周期性,并且整体振幅随温度的增加而增加。频域结果如图 5.15 所示。

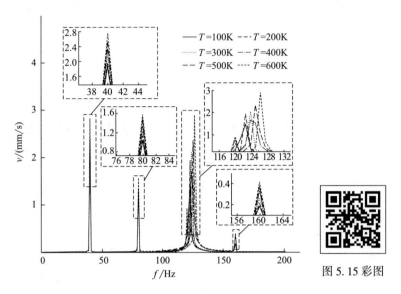

图 5.15　外圈速度的频域结果

与内环速度相比,外环速度的频域结果包含更多的峰值频率。40Hz、80Hz 和 160Hz 的峰值频率分别为旋转频率的 1 倍、2 倍和 4 倍。3 倍旋转频率接近缺陷频率,因此难以区分 3 倍旋转速度下的振幅。表 5.6 给出了不同温度下每个峰值的缺陷频率和振幅。

表 5.6　不同温度下外圈振动的峰值频率和振幅

温度/K	旋转频率下的振幅/(mm/s)	2 倍旋转频率下的振幅/(mm/s)	3 倍旋转频率下的振幅/(mm/s)	4 倍旋转频率下的振幅/(mm/s)	缺陷频率/Hz	缺陷频率下的振幅/(mm/s)
100	1.89	1.04	0.34	0.18	122.44	1.49
200	2.02	1.14	0.62	0.21	122.44	1.95
300	2.19	1.22	0.42	0.25	123.69	2.11
400	2.4	1.35	0.62	0.34	123.69	1.67
500	2.61	1.48	0.81	0.39	124.94	2.36
600	2.83	1.58	0.92	0.42	126.19	2.89

如图 5.15 和表 5.6 所示,与转速相关的特征频率处的振幅通常随温度的上升而增加,随着配合间隙的增大而增加,这表明离心力是影响这些频率处响应的主要因素。当外圈在配合间隙中进行与内圈相反的旋转运动时,滚珠的轨道速度降低,外圈缺陷引起的冲击频率增加。因此,缺陷频率随温度的上升而增加,缺陷频率的幅度也基本上随离心力的增大而增加。

5.4 宽温域配合间隙对全陶瓷球轴承系统声辐射的影响

根据子源分解方法,全陶瓷球轴承系统的声辐射可以被视为全陶瓷球轴承系统中部件辐射的声音的叠加。与以前的轴承系统不同,全陶瓷球轴承系统的外圈在较宽的温度范围内也会移动,需要将其视为独立的源。根据 Sommerfield 辐射条件,假设部件表面光滑,表面声压和法向速度之间的关系可以表示为:

$$\boldsymbol{A} \cdot \boldsymbol{p}_\mathrm{s} = \boldsymbol{B} \cdot \boldsymbol{v}_\mathrm{ns} \tag{5.28}$$

式中,$\boldsymbol{A}$ 和 $\boldsymbol{B}$ 是与表面条件和波数相关的冲击系数矩阵。$\boldsymbol{p}_\mathrm{s}$ 表示表面 S_s 上的声压矢量,其中 $s = \mathrm{i, o}$ 表示声源。法向速度矢量 $\boldsymbol{v}_\mathrm{ni}$ 和 $\boldsymbol{v}_\mathrm{no}$ 可从上述动态模型中导出。然后,使用直接边界元法可获得全陶瓷球轴承系统外部场点处的声压,如:

$$\boldsymbol{p}_\mathrm{FCBB} = \boldsymbol{a}_\mathrm{i}^\mathrm{T} \cdot \boldsymbol{p}_\mathrm{i} + \boldsymbol{b}_\mathrm{i}^\mathrm{T} \cdot \boldsymbol{v}_\mathrm{ni} + \boldsymbol{a}_\mathrm{o}^\mathrm{T} \cdot \boldsymbol{p}_\mathrm{o} + \boldsymbol{b}_\mathrm{o}^\mathrm{T} \cdot \boldsymbol{v}_\mathrm{no} \tag{5.29}$$

式中,$\boldsymbol{p}_\mathrm{FCBB}$ 表示全陶瓷球轴承系统场点处的总声压。$\boldsymbol{a}$ 和 $\boldsymbol{b}$ 表示与表面条件和场点位置相关的插值系数矢量,$\boldsymbol{p}$ 表示振动表面处的声压矢量。下标表示相应的元素,i 表示内圈,o 表示外圈。然后可以通过以下方法获得声压级:

$$S = 20 \lg \frac{\boldsymbol{p}_\mathrm{FCBB}}{p_\mathrm{ref}} \tag{5.30}$$

这里,声压的单位是 Pa,数据以 dB 为单位合并为声压级。$p_\mathrm{ref} = 2 \times 10^{-5}\,\mathrm{Pa}$ 是声压级为 0dB 的参考值。全陶瓷轴承系统的声辐射结果可通过动态模型和声辐射模型获得。

　　假设轴承在完美润滑条件下工作,不考虑油膜和表面波纹度的影响。球被视为具有相同直径的理想球体,球直径差被忽略。滚珠由内圈以 15000r/min 的转速驱动。时间步长 Δt 设置为 0.0004s,时间限制为 2s。为了获得声辐射的周向分布,场点布置在垂直于轴承轴的平面上,场点均匀地位于直径为 460mm 的圆上,两个相邻场点之间的角步长为 6°。此外,在圆心设置参考点,以获得整体声音性能。场点平面和轴承之间的距离设置为 300mm,场点的布置如图 5.16 所示。计算参考点处的声辐射结果,然后通过 FFT 转换到频域,如图 5.17 所示。

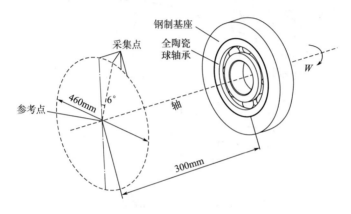

图 5.16　现场点布置

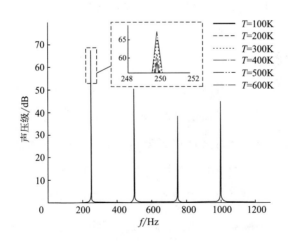

图 5.17　不同温度下参考点的声辐射结果

从图 5.17 中可以看出,参考点处声辐射结果中包含的频率分量与旋转频率有关。结果中的峰值频率为 1 倍、2 倍、3 倍和 4 倍旋转频率,表明声辐射来自系统中的谐波运动。随着温度的变化,峰值频率保持不变,但在 1 倍旋转频率的局部变焦中可以看到,振幅随温度变化。图 5.18 显示了不同温度下峰值频率的振幅变化。

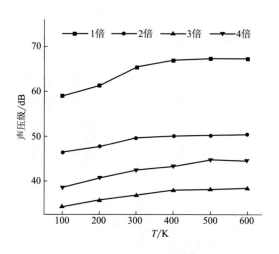

图 5.18　峰值频率振幅随温度的变化

从图 5.18 中可以看出,1 倍旋转频率对声辐射结果的贡献最大,并且随着温度的变化也最明显。随着温度升高,热变形增大,外圈和底座之间的配合间隙变大。然后,轴承的运动范围变大,导致偏心率增加。因此,1 倍旋转频率的振幅通常随温度的上升而增加。在初始温度 $T=100K$ 时,外圈和底座之间的配合间隙可以忽略,外圈可以被视为固定元件。声辐射主要来自内圈、外圈和球之间的相互作用。当配合间隙似乎导致外圈和底座之间的相互作用时,摩擦和冲击产生的声辐射成为 FCBB 系统声辐射的新来源,相应的振幅显著增加。随着配合间隙的不断增大,相互作用更加强烈,从而产生更大的声辐射,但对于整体声辐射的影响要小得多。因此,当温度进一步升高到 $T=400K$ 以上时,1 倍旋转频率振幅的增长并不那么明显。对于其他峰值频率,振幅也呈现上升趋势,表明随着配合间隙的增加,谐波运动也变得更加强烈。当温度进一步升高到

$T=400$K 以上时,振动的增长减少,声辐射的振幅也具有与 1 倍旋转频率相似的趋势,如图 5.18 所示。

然后计算场点处的声辐射结果,以获得声场的周向分布。轴承正上方的方向设置为 0°,其他角度依次按顺时针排列。温度在 100~600K 之间变化,步长为 100K,声辐射结果用极坐标图表示,如图 5.19 所示。

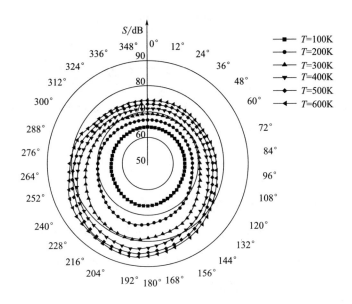

图 5.19 不同温度场点的声辐射结果

从图 5.19 中可以看出,声辐射通常随温度的增加而增加,但不同角度的变化不同。相邻曲线之间的差异在下半部分明显,而在上半部分则变得更小。这里需要更多的指标来清楚地描述这些变化。S_{max} 被设置为圆周中的最大值,S_{min} 被设置为最小值。ϕ 描述了 S_{max} 出现的峰值角度。那么周长的变化可以描述为:

$$G_s = S_{max} - S_{min} \tag{5.31}$$

然后,描述声辐射极化的声辐射方向性可以表示为:

$$\psi = \frac{G_s}{S} \tag{5.32}$$

式中，$\bar{S}$ 是圆周上声压级的平均值，并表示总声辐射级。ψ 是一个无量纲的指标，当显示出更强的方向性时会增加。然后，可以通过图 5.20 中的上述指标来评估声辐射随温度的周向分布。

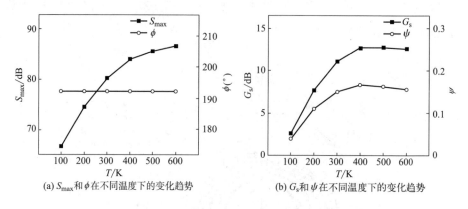

(a) S_{max} 和 ϕ 在不同温度下的变化趋势　　　　(b) G_s 和 ψ 在不同温度下的变化趋势

图 5.20　S_{max}、ϕ、G_s 和 ψ 在不同温度下的变化趋势

从图 5.20 中可以看出，指标随温度的变化是不同的。在初始温度 $T = 100\text{K}$ 时，由于离心力和重力，圆周上的球和环之间的接触力存在差异，导致出现 S_{max} 和 S_{min}。当配合间隙随温度增加时，球和环之间的接触力没有变化，但配合间隙会在外圈和底座之间产生摩擦和冲击。然后，S_{max}（显示轴承系统部件之间的相互作用强度）随着温度的升高而增长，其趋势与图 5.18 相似。最强烈的相互作用发生在下半圆，并且只受接触力的影响。径向变形是均匀的，轴承部件之间的接触力没有变化，因此峰值角随温度保持恒定，如图 5.20(a) 所示。另外，当配合间隙小且外圈的运动覆盖轴承座孔时，S_{max} 和 S_{min} 之间的差异主要来自轴承系统部件之间的接触力差异，G_s 随温度的上升显著增加。然而，当配合间隙继续增加时，外圈的运动无法覆盖底座孔，外圈和底座之间会发生碰撞。然后，撞击成为声辐射的主要来源，G_s 的增加速度减慢，甚至呈现下降趋势。当配合间隙开始增大时，声周向分布的差异迅速增大，然后差异逐渐减小。因此，如图 5.20(b) 所示，声音方向性与 G_s 具有相似的趋势。

参考文献

［1］WANG L,SNIDLE R W,GU L. Rolling contact silicon nitride bearing technology:A review of recent research［J］. Wear,2000,246(1/2):159-173.

［2］SHI H T,BAI X T. Model-based uneven loading condition monitoring of full ceramic ball bearings in starved lubrication［J］. Mechanical Systems and Signal Processing,2020,139:106583.

［3］SHI H T,LI YY,BAI X T,et al. Investigation of the orbit-spinning behaviors of the outer ring in a full ceramic ball bearing-steel pedestal system in wide temperature ranges［J］. Mechanical Systems and Signal Processing,2021,149:107317.

［4］SHI H T,BAI X T. Model-based uneven loading condition monitoring of full ceramic ball bearings in starved lubrication［J］. Mechanical Systems and Signal Processing,2020,139:106583.

［5］熊万里,周阳,赵紫生,等. 高速角接触球轴承套圈倾斜角允许范围的定量研究［J］. 机械工程学报,2015,51(23):46-52.

［6］王云龙,王文中,卿涛,等. 角接触球轴承—转子加减速过程动力学分析［J］. 机械工程学报,2018,54(9):9-16.

［7］邓四二,华显伟,张文虎. 陀螺角接触球轴承摩擦力矩波动性分析［J］. 航空动力学报,2018,33(7):1713-1724.

第6章　多支撑轴承动态特性与故障诊断

6.1　成对排列滚动轴承双重剥落定位方法

前文工作已经证明,单个滚动轴承外圈故障定位与状态监测方法,然而在主轴系统中,滚动轴承通常成对排列以获得更高的运行精度。滚动轴承外圈经常发生剥落,研究发现,单个轴承上的双重剥落与两个轴承上的剥落影响有很大不同。因此,本节选取成对排列的滚动轴承进行研究。本章选择的研究目标为双列滚动球轴承,具体结构和参数见表6.1。设置剥落位置在外圈的下半圆上,剥落区域的大小相同,可以将两个剥落位置的分布分为两种情况:①都在同一个轴承上;②各自在不同的轴承上。

表 6.1　成对球轴承的结构参数

项目	数值
轴承直径/mm	33.477
接触角(°)	15
轴承宽度/mm	15
滚动体直径/mm	7.9375
滚动体个数/个	8

在同一轴承上的存在两个剥落位置的情况下,需要考虑位置 a+b;在不同轴承上的两个剥落位置的情况下,需要考虑位置 a+d 和 b+c,如图6.1所示。以 a+b 的位置为例,当两个剥落位置在同一个轴承上时,轴承 A 的动态响应

可以通过式（6.1）和式（6.2）得到，轴承 B 的响应可以通过式（6.3）和
式（6.4）得到。

$$
\begin{aligned}
& \sum_{j=1}^{N} \left[\left(Q_{oj}\cos\alpha_{oj} + F_{R\eta oj}\sin\alpha_{oj} \right)\cos\phi_j - F_{R\xi oj}\sin\phi_j \right] + \\
& F_{Aa}\cos(\phi_a - \theta) + F_{Ab}\cos(\phi_b - \theta) - k_{Ay}y_A - c_{Ay}\dot{y}_A \\
& = m_A\ddot{y}_A
\end{aligned}
\tag{6.1}
$$

$$
\begin{aligned}
& \sum_{N}^{j=1} \left[\left(Q_{oj}\cos\alpha_{oj} + F_{R\eta oj}\sin\alpha_{oj} \right)\sin\phi_j + F_{R\xi_{oj}}\cos\phi_j \right] + \\
& F_{Aa}\sin(\phi_a - \theta) + F_{Ab}\sin(\phi_b - \theta) - k_{Az}z_A - c_{Ay}\dot{z}_A - m_A g \\
& = m_A\ddot{z}_A
\end{aligned}
\tag{6.2}
$$

式中，m_A 为轴承 A 外圈的质量，y_A 和 z_A 为位移。F_{Aa} 和 F_{Ab} 是由于 a 和 b 的剥
落而作用于轴承 A 外圈的冲击力。

$$
\begin{aligned}
& \sum_{j=1}^{N} \left[\left(Q_{oj}\cos\alpha_{oj} + F_{R\eta oj}\sin\alpha_{oj} \right)\cos\phi_j - F_{R\xi oj}\sin\phi_j \right] + \\
& F_{Ba}\cos(\phi_a - \theta) + F_{Bb}\cos(\phi_b - \theta) - k_{By}y_B - c_{By}\dot{y}_B \\
& = m_B\ddot{y}_B
\end{aligned}
\tag{6.3}
$$

$$
\begin{aligned}
& \sum_{j=1}^{N} \left[\left(Q_{oj}\cos\alpha_{oj} + F_{R\eta oj}\sin\alpha_{oj} \right)\sin\phi_j - F_{R\xi oj}\cos\phi_j \right] + \\
& F_{Ba}\sin(\phi_a - \theta) + F_{Bb}\sin(\phi_b - \theta) - k_{Bz}z_B - c_{By}\dot{z}_B - m_B g \\
& = m_B\ddot{z}_B
\end{aligned}
\tag{6.4}
$$

对于成对的轴承，当轴承 A 的滚动体位于剥落区域时，轴的运行精度由轴
承 B 的滚动体来保证。那么可以得出结论，轴承 A 的剥落对轴承 B 没有影响，
F_{Ba} 和 F_{Bb} 可以被认为是 0。当剥落发生在 a+d 位置时，两个剥落位置分别在两
个环上。两个轴承的内圈随轴运转，假定两个轴承的球具有相同的轨道速度。
如图 6.1 所示，成对的轴承之间存在一个偏离角 ψ。当轴承 A 的滚动体到达剥
落区时，ψ 是剥落区与轴承 B 的滚动体之间的角度。偏差角在成对的轴承中很
常见，是在装配时产生的。这里，ψ 的范围被定义为 $0 \sim 2\pi/N$。

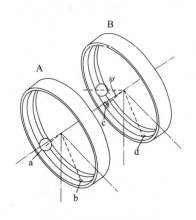

图 6.1 轴承剥落位置

由于成对的轴承安装在同一个基座上，在支撑处的垂直速度可以用 $v_s = \dot{z}_A + \dot{z}_B$ 来表示，其中 v_s 来表示支撑处的垂直速度。假设部件的中心与质量中心重合，形状误差和表面粗糙度的影响被忽略，转速设定为 2400r/min，轴承上的径向载荷和轴向载荷分别为 100N 和 150N。计算的时间步长为 10^{-4}s，计算时间设置为 0.2s，分析频率范围为 0~500Hz。轴承视图如图 6.2 所示，频域的计算结果如图 6.3 所示。

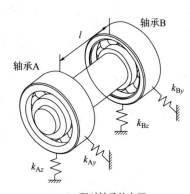

(a) 配对轴承的布置

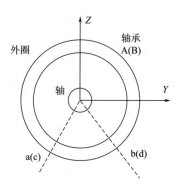

(b) 轴向视图

图 6.2 轴承视图

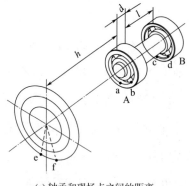

(a) 轴承和现场点之间的距离

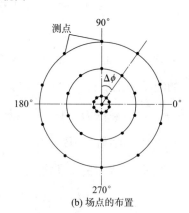

(b) 场点的布置

图 6.3 测点布置

在图 6.4 中, f_r 表示轴承的旋转频率, f_o 表示外圈上单个剥落位置的特征频率。可以看出,主要的频率成分与旋转频率和故障频率有关。现在对声音辐射的场点进行了布置。成对的轴承之间的轴向距离为 30mm,从轴承 A 到场点的距离为 270mm;场点的直径为 460mm。场点 e 和点 f 位于对应于剥落位置 a 和 b 的相同方位角上。声速 c 可由下式计算:

$$c = \sqrt{\frac{\gamma_g p_g}{\rho_g}} \tag{6.5}$$

式中, γ_g 是热传导系数,在绝热条件下取 1.4; p_g 是空气压力, ρ_g 是空气密度。这里, p_g 取 101kPa, ρ_g 取 1.18kg/m³。现在,可以得到 c 为 346.17m/s。根据式(6.6)~式(6.9),可以得到场点 e 和点 f 的声辐射结果。e 点的频域结果如图 6.5 所示。

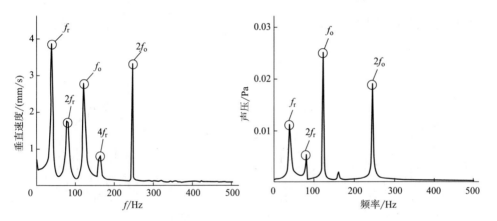

图 6.4　剥落位置位于同一轴承
上时的频域结果

图 6.5　e 点 a+b 条件下的频域结果

$$\sum \boldsymbol{p} = \boldsymbol{p}'_i + \boldsymbol{p}'_o + \boldsymbol{p}'_c + \boldsymbol{p}'_b \tag{6.6}$$

式中, $\sum \boldsymbol{p}$ 表示场点处的叠加声压, $\boldsymbol{p}'_i$、$\boldsymbol{p}'_o$、$\boldsymbol{p}'_c$、$\boldsymbol{p}'_b$ 表示内圈、外圈、保持架和球的子源的声压。

$$\boldsymbol{p}'_o = \boldsymbol{a}_o^T \cdot \boldsymbol{p}_o + \boldsymbol{b}_o^T \cdot \boldsymbol{v}_{no} \tag{6.7}$$

式中,p'_o 表示场点处的叠加声压,a_o 和 b_o 表示与表面条件和场点位置相关的插值系数矢量;p_o 表示振动表面处的声压矢量,v_{no} 表示法向速度矢量。

$$A_o \cdot p_o = B_o \cdot v_{no} \tag{6.8}$$

式中,A_o 和 B_o 是与表面条件和波数相关的冲击系数矩阵。

$$S = 20\lg \frac{\left| \sum p \right|}{p_{ref}} \tag{6.9}$$

为了使时间延迟的差异更明显,引入点 e 处的时间延迟比(TDR)作为指标,可以表示为:

$$TDR = \frac{\Delta t'}{\Delta t - \Delta t'} \tag{6.10}$$

从图 6.5 中可以看出,声辐射的大多数峰值频率与图 6.4 中的振动结果相同,但振幅不同。旋转频率的高阶可以被忽略,$2f_o$ 的分量表明已经发生了双重剥落,并且不能从频域结果获得关于位置的信息。点 e 和点 f 的时域结果如图 6.6 所示。

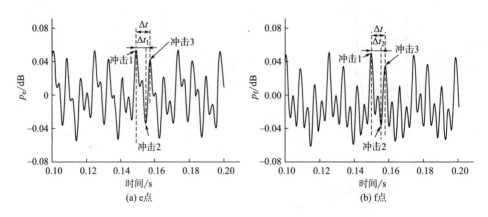

图 6.6　a+b 条件下的时域结果

如图 6.6(a)和(b)所示,有几个周期性峰值表明滚动体存在多次碰撞。这里,声压表示相对于参考大气压力的变化,因此正峰值和负峰值都应标记为影响。在图 6.6(a)中,冲击 1 标记为 $t = 0.1492s$,冲击 2 标记为 $t = 0.1549s$,冲击 3 标记为 $t = 0.15735s$。因此,时间间隔可计算为 $\Delta t = 0.00815s$,$\Delta t_1 = 0.0057s$。同样,从图6.6(b)中,我们可以得到$\Delta t_2 = 0.0050$s。$\Delta t_1 > \Delta t_2$,因此冲击1来自剥落点a,根据式(6.10),时间延迟比TDR=2.33。

以相同的方式可以在两个剥落位置发生在不同的轴承上时获得时间延迟,时间延迟和TDR的理论结果见表6.2。

表6.2　不同条件下的时延和TDR

条件	a+b	a+d	b+c
$\Delta t(10^{-3}$s$)$	8.15	8.15	8.15
$\Delta t_1(10^{-3}$s$)$	5.70	1.34	1.15
$\Delta t_2(10^{-3}$s$)$	5.00	0.65	0.46
TDR	2.33	0.20	0.17

从表6.2中可以清楚地看出,在不同的剥落条件下,场点e处的Δt_1略高于Δt_2,第一次冲击来自剥落点a或c。当剥落发生在不同的轴承上时,TDR几乎相同。与两个剥落位置位于同一轴承上的情况相比,有一个TDR的显著差异;因此,TDR可以作为双剥落定位的指标。

基于上述结果,可以看出,当成对轴承上存在两个剥落位置时,可以检测到$2f_0$的双剥落区域频率。然而,峰值频率仅由轴承参数和工作条件决定,成对轴承的剥落面积分布很难通过频域结果识别,如图6.4和图6.5所示。时域结果包含来自剥落区域的冲击声分量,距离差导致的冲击声的时间延迟可用于识别剥落区域角位置。当给定转速和轴承参数时,不同剥落区域撞击之间的时间延迟由剥落区域的轴向位置确定。因此,可以通过时域信号进行剥落区域的定位,并且可以使用撞击的TDR作为参考指标。根据表6.2中的结果,同一轴承和不同轴承上具有剥落区域的TDR之间的差异是明显的,并且可以很容易地得出关于剥落区域是否位于同一轴承上的结论。对于a+d和b+c的情况,剥落区域都位于不同的轴承上,并且指示值接近。在a+b条件下,剥落区域位于同一轴承上,指示值远高于a+d和b+c的指示值。当确定轴承系统的结构参数和转速时,时间范围内的最大值可以选择为冲击1,冲击3也可以在Δt的参考下选择。在冲击1和冲击3之间的时间间隔内,最大峰值(无论是正峰值还是负峰值)可选择为冲击 2。然后可以获得 Δt_1 和 Δt_2,继续 TDR 的计算。模拟结果和实验结果之间有一点误差,这来自声辐射计算。在理论模型中,声音传播的介质被设置为空气;然而,在实际情况下,轴承系统的振动被转化为表面声辐射,然后在进入空气之前在轴承和基座中传递一小段距离。尽管存在一些数值误差,但两个散裂位置的定位结果是准确的,并且该方法被证明是有效的。

因此,可以得出:双重剥落的特征频率是单一剥落的两倍,双重剥落频率的出现表明成对轴承系统中存在双重剥落;当剥落区域位于不同的轴承上时,频域结果几乎没有差异。主要差异出现在时域结果中,这是由声音传播距离之间的差距造成的。TDR 可通过故障周向位置的声音信号获得,可用作故障定位的指示器;在同一轴承和不同轴承上具有剥落区域的 TDR 之间存在较大的间隙,通过指示器匹配可以区分剥落区域是否位于同一轴承上的情况;实验结果与理论值吻合良好,表明该定位方法具有良好的适用性,可用于识别剥落区的剥落分布。

6.2　三支承轴承—转子系统动力学建模与仿真分析

前文工作已经证明,在主轴系统中,滚动轴承通常成对排列以获得更高的运行精度,滚动轴承外圈经常发生剥落,双重剥落的特征频率是单一剥落的两倍,在同一轴承和不同轴承上具有剥落区域的 TDR 之间存在较大的间隙,通过指示器匹配可以区分剥落区域是否位于同一轴承上的情况。现阶段高速电主轴等机械装置在使用时往往在双支承结构中添加一个额外的支承以增大系统刚度、减小剧烈振动。然而,由于轴系长径比较大,三支承结构呈现强耦合特性,大幅度增加了因轴承中心和支承中心之间的安装误差而产生的附加径向力,导致各零部件的相互作用发生改变。再结合转速、转子偏心量以及轴承游隙对系统的影响,以往对双支承结构建立的轴承转子模型不再适用于三支承结构的研究。因此,为了弄清三支承轴系振动特征随工作情况呈现的非线性变化,必须建立一个能够精准描述三支承轴承转子系统的动力学模型,并对其进行动力学特性分析。本节着重考虑非线性因素对三支承轴承转子系统动力学特性的影响,将支座、轴承的振动纳入研究范围内。根据赫兹理论建立的深沟球轴承与有限元方法建模的转子系统联立求解,建立一个基于三轴承支承的高速电主轴转子系统的动态耦合建模方法。此外,还研究了系统不同非线性因素影响下的动态时程响应,并通过时域图、轴心轨迹图、频谱图以及对应因素折线趋势图分析了在不同状态下的信号特点。

赫兹接触理论用来研究深沟球轴承的弹性恢复力,本节所研究的深沟球轴承设定如下:轴承外圈固定在支承上,内圈固定在旋转的轴上。其中转子的第 m 个节点的位移为 x_{rm}、y_{rm},第 i 个支承 $S_i(i=1,2,\cdots,N)$ 对应轴承外圈的位移为 x_{wi}、y_{wi}。m_{wi} 为轴承外圈质量;m_{si} 为支承质量;k_{ti} 为轴承外圈与支承之间的弹性支承刚度;c_{ti} 为轴承外圈与轴承支座之间的阻尼系数;k_{fi} 为支座与试验台之间的弹性支承刚度;c_{fi} 为支座与试验台之间的阻尼系数;如图 6.7 所示。其中 F_{yri} 和 F_{xri} 为转子作用于支承的力,F_{ysi} 和 F_{xsi} 为支承作用于支承的力。第 i 个支承 S_i 与转子的第 m 个节点和试验台相连,支座 S_i 的位移为 x_{si} 和 y_{si},由图 6.7 和图 6.8 可知,对于每个支承 S_i,其轴承分别在 x、y 方向上作用于整个主轴以及支座上的弹性恢复力可以表示为:

$$\begin{bmatrix} F_{xri} \\ F_{yri} \end{bmatrix} = \sum_{j=1}^{N_b} G(\delta_j) Q_j \begin{bmatrix} \cos\theta_j \\ \sin\theta_j \end{bmatrix} \qquad (6.11)$$

则轴承外圈的运动微分方程可以被计算为:

$$\begin{cases} m_{wi}\ddot{x}_{wi} + k_{ti}(x_{wi} - x_{wi}) + c_{wi}(\dot{x}_{wi} - \dot{x}_{si}) = F_{xri} \\ m_{wi}\ddot{y}_{wi} + k_{ti}(y_{wi} - y_{si}) + c_{wi}(\dot{y}_{wi} - \dot{y}_{si}) = F_{yri} - m_{wi}g \end{cases} \qquad (6.12)$$

试验台作用于支承 S_i 的力被定义为:

$$\begin{cases} F_{xsi} = -k_{fi} \cdot x_{si} - c_{fi} \cdot \dot{x}_{si} \\ F_{ysi} = -k_{fi} \cdot y_{si} - c_{fi} \cdot \dot{y}_{si} \end{cases} \qquad (6.13)$$

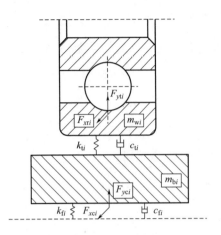

图 6.7　轴承—支座示意图

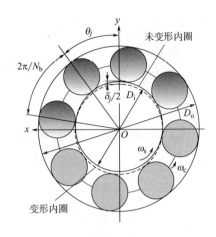

图 6.8　轴承内部示意图

支承的运动微分方程被计算为：

$$\begin{cases} m_{si}\ddot{x}_{si} + k_{ti}(x_{si} - x_{wi}) + c_{ti}(\dot{x}_{wi} - \dot{x}_{si}) = F_{xri} \\ m_{si}\ddot{y}_{si} + k_{ti}(y_{si} - y_{wi}) + c_{si}(\dot{y}_{wi} - \dot{y}_{si}) = F_{yri} - m_{bi}g \end{cases} \tag{6.14}$$

式中，

$$x = x_{rm} - x_{wi}, y = y_{rm} - y_{wi}$$

$$Q_j = K_c\delta_j^{3/2}$$

$$\delta_j = x\cos\theta_j + y\sin\theta_j - \delta_0/2$$

$$\theta_j = 2\pi(j-1)/N_b + \omega_c t$$

$$\omega_c = \frac{D_i}{D_i + D_o}\omega_s$$

式中，x 为转子作用于第 i 个支承 S_i 的位移，Q_j 为滚动元件和圈道之间的力，K_c 是轴承的赫兹接触刚度，N_b 是滚动轴承的滚动元件个数，d_j 是第 j 个滚动元件与圈道之间的相对接触变形，d_0 是轴承的径向间隙，q_j 是第 j 个滚动元件的角位移，w_c 是保持架的转速，w_s 是系统转速。D_i、D_o 分别是轴承的内外圈的直径。

在本节中，转子系统采用有限元模型进行建模，如图 6.9 所示。转子系统考虑为由三个深沟球轴承、三个支承、一个离散的刚性转盘和一根弹性轴组成，转盘和轴利用有限元方法离散为普通梁单元，建立坐标系并假设刚性转盘的宽度忽略不计。设转子有 9 个节点和 1 个盘,每个节点有四个自由度,分别是沿 x 轴、y 轴的两个水平自由度以及它们的旋转自由度。

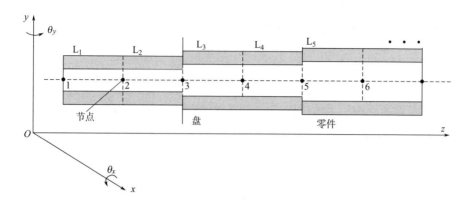

图 6.9　有限元模型示意图

转盘质量为 m_p,直径转动惯量为 J_d,极转动惯量 J_p,ω 为圆盘的转速。刚性圆盘相对固定坐标系的运动方程可以定义为:

$$(\boldsymbol{M}_{td} + \boldsymbol{M}_{rd})\ddot{\boldsymbol{x}}_d - \omega \boldsymbol{G}_d \dot{\boldsymbol{x}}_d = \boldsymbol{F}_d \tag{6.15}$$

每个梁单元具有 2 个节点,8 个自由度,每个节点都有 4 个自由度,则随时间变化的单元端点的广义位移可以定义为:

$$\boldsymbol{x}_e(t) = \begin{bmatrix} x_{1e} & x_{2e} & x_{3e} & x_{4e} & x_{5e} & x_{6e} & x_{7e} & x_{8e} \end{bmatrix}^T \tag{6.16}$$

由拉格朗日方程,推出梁单元相对于固定坐标系的运动方程可以表示为:

$$(\boldsymbol{M}_{te} + \boldsymbol{M}_{re})\ddot{\boldsymbol{x}}_e + (-\omega \boldsymbol{G}_e)\dot{\boldsymbol{x}}_e + (\boldsymbol{K}_{be} - \boldsymbol{K}_{ae})\boldsymbol{x}_e = \boldsymbol{F}_e \tag{6.17}$$

式中,$\boldsymbol{F}_e$ 为广义外力向量,$\boldsymbol{M}_{te}$ 和 $\boldsymbol{M}_{re}$ 分别为质量矩阵和质量惯性矩阵,$\boldsymbol{G}_e$ 为陀螺矩阵,$\boldsymbol{K}_{be}$ 为单元弯曲矩阵和剪切刚度矩阵,$\boldsymbol{K}_{ae}$ 为单元拉伸刚度矩阵。

将单元的运动方程进行组装,转子系统运动方程可以计算为:

$$\boldsymbol{M}_s\ddot{\boldsymbol{x}}_{sr} + (\boldsymbol{C}_s - w\boldsymbol{G}_s)\ddot{\boldsymbol{x}}_{sr} + \boldsymbol{K}_s\boldsymbol{x}_{sr} = \boldsymbol{F}_{sr} \tag{6.18}$$

式中,$\boldsymbol{F}_{sr}$ 为系统广义外力向量,$\boldsymbol{M}_s$ 为系统质量矩阵,$\boldsymbol{G}_s$ 为系统陀螺矩阵,$\boldsymbol{K}_s$ 为系统刚度矩阵,$\boldsymbol{C}_s$ 为系统阻尼矩阵。

本文将假设为比例阻尼,则:

$$C_s = \alpha_0 M_s + \alpha_1 K_s$$

式中，α_0、α_1 为常数。

图 6.10 为所建立的有限元耦合模型示意图。本文采用显示和隐式积分法联立求解的方法对微分方程组进行求解，系统的动力学方程可表示成如下统一形式：

$$[M]\{A\} + [C]\{V\}[K]\{X\} = \{P\} \qquad (6.19)$$

式中，$[M]$、$[C]$、$[K]$ 分别为系统惯量、阻尼、刚度矩阵，$\{X\}$ 为系统的广义位移向量，$\{V\}$ 为系统的广义速度向量，$\{A\}$ 为系统的广义加速度向量，$\{P\}$ 为系统的广义载荷向量。

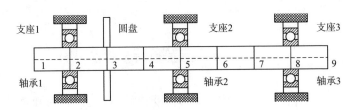

图 6.10　有限元耦合模型

为进一步分析转速对三支承结构振动特性的影响，转速分别为 1200r/min、2100r/min、3000r/min 时三支承轴承转子系统刚性转盘所在节点位置（节点 3）的时频图、轴心轨迹以及幅值谱图如图 6.11 所示。

图 6.11（a）可以看出三种转速下，系统在 y 方向的振动周期分别为 0.062s、0.029s、0.019s，振动位移分别在 $-1.40 \sim 1.44$mm、$-4.04 \sim 4.43$mm、$8.13 \sim 9.17$mm 振动。图 6.11（b）中，系统在 x 方向位移分别在 $-1.98 \sim 1.98$mm、$-6.02 \sim 5.95$mm、$-12.42 \sim 11.63$mm 振动。转速在 1200r/min、2100r/min 时轴心轨迹为圆形。转速为 3000r/min 时，轴心轨迹为不规则图形，轨迹中心分别是 (0mm,0.02mm)、(-0.03mm,0.20mm)、(-0.39mm,0.52mm)。图 6.11（c）中，1 倍频率对应幅值分别为 2.13mm、4.43mm、12.62mm，二倍频率对比不明显。

由图 6.11 可知随转速增加，转子系统的振动周期逐渐减小，沿 x 和 y 方向的振动位移和振幅逐渐增加。为了进一步说明转子旋转速度对系统振幅的影响，图 6.12 给出了双支承和三支承下，不同旋转速度下系统振动幅度的折线图。

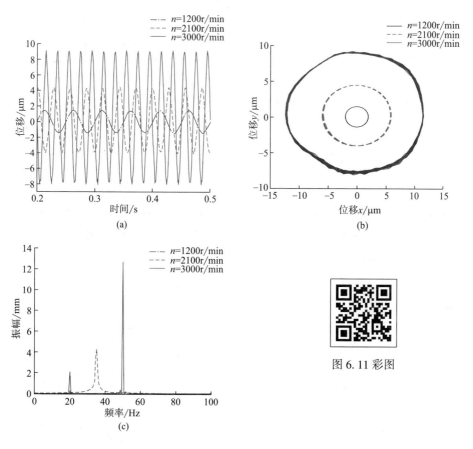

图 6.11 彩图

图 6.11 不同转速下时域图、轴心轨迹图和频谱图

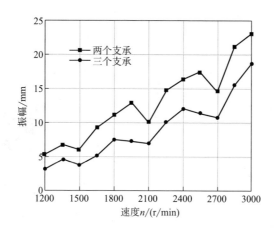

图 6.12 不同转速下刚性盘节点位置对应的振动响应

从折线的走势能够得出,随着转速的提高,两种结构的振动幅值均呈折线上升,但任意转速下,三支承结构的振动幅度总是小于双支承结构。当结构为双支承结构,转速在 1950r/min、2550r/min 时分别达到一阶、二阶临界转速,此时振动幅值达到拟周期运动最大值,随后分别在 2100r/min、2700r/min 进入下一次拟周期运动,并且振动幅值迅速下降;当结构为三支承结构时,转速则在 1800r/min、2400r/min 时达到一阶、二阶临界转速,振动幅值达到拟周期峰值,而后缓慢下降,在 2100r/min、2700r/min 进入下一次拟周期运动,振动幅值为此周期最小值。由此可以得出,三支承结构不仅可以减小转速对系统振动稳定性的影响,而且降低了临界转速,使临界转速相邻转速下振动幅值变化趋于平缓,减小了系统因共振造成的振动过大。

为研究转速增大系统响应的变化趋势,图 6.13 为转速 1200r/min、2100r/min、

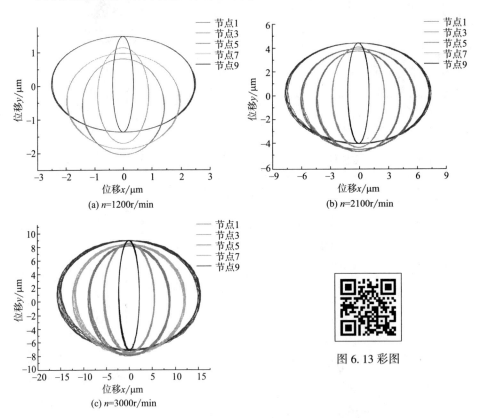

图 6.13 彩图

图 6.13　不同转速下转子响应的运动轨迹

3000r/min 时,系统各节点的运动轨迹。由图 6.13 对比可得,随转速的不断升高,节点 3(转盘中心)与节点 5(中间支承安装中心)的运动轨迹在 y 方向的位移变化范围逐渐接近,x 方向位移变化范围无明显变化。运动轨迹对应中心所在直线的内凹程度越不明显,且由于三支承结构本身耦合特性对转子不平衡的影响越来越小,尤其在转子系统经过二阶临界转速后,影响几乎可以忽略不计。

为进一步分析转子偏心量对三支承结构振动特性的影响,转子偏心量分别为 0.5mm、1.0mm 及 1.5mm 时三支承轴承转子系统刚性转盘所在节点位置(节点 3)的时域图、轴心轨迹以及频谱图如图 6.14 所示。

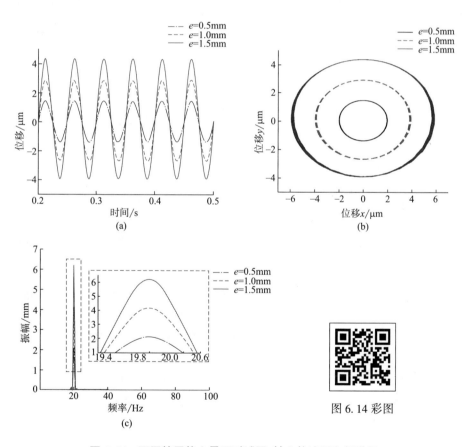

图 6.14　不同转子偏心量下时域图、轴心轨迹图和频谱图

图 6.14(a)可以看出三种转子偏心量下,系统在 y 方向的振动周期均为 0.25s,振动位移分别在-1.40~1.44mm、-2.70~2.89mm、-3.95~4.33mm 间振动。图 6.14(b)中,系统在 x 方向位移分别在-1.98~1.98mm、-3.94~3.94mm、-5.90~5.88mm 振动。轴心轨迹均为圆形。转速为 3000r/min 时,节点的运动轨迹形状和所在位置大致不变,但轨迹大小明显增大,轨迹中心分别是(0,0.02mm)、(0,0.09mm)、(0,0.19mm)。如图 6.14(c)所示,一倍频率对应幅值分别为 2.13mm、4.18mm、6.20mm,二倍频率幅值从可以忽略不计增大到明显可见。

由图 6.14 可知随转子偏心量增加,转子系统的振动周期不变,沿 x 和 y 方向的振动位移和振幅逐渐增加。为了进一步说明转子转子偏心量与系统振动幅度间的相互关系,图 6.15 给出了双支承和三支承下,不同转子偏心量下系统振动幅度的折线图。

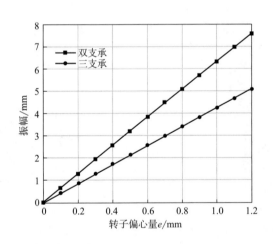

图 6.15　不同转子偏心量下刚性盘节点位置对应的振动响应

从图 6.15 可以看出随着转子偏心量的增加,两种结构的振动幅值呈线性增加,且在任一相同转子偏心量的情况下,三支承结构的振幅始终小于双支承的。并且等同偏心量增加的情况下,三支承结构振幅的增加程度更加缓慢。

为研究转子偏心量增大情况下系统响应的变化趋势,图 6.16 为不同转子偏心量系统各节点的运动轨迹。

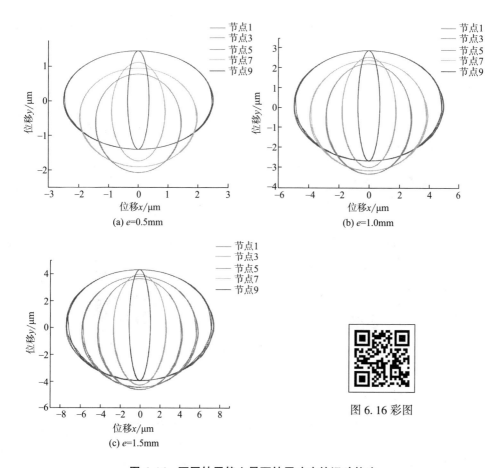

图 6.16　不同转子偏心量下转子响应的运动轨迹

从图 6.16 对比可知,随转子偏心量的不断升高,各节点的运动轨迹形状无明显变化,但位移沿坐标轴正方向逐渐增大。运动轨迹对应中心所在直线的内凹程度变化不明显。且随转子偏心量的增加,并不影响三支承结构的耦合特性对转子不平衡的抑制效果。

为进一步分析轴承游隙对三支承结构振动特性的影响,轴承游隙分别为 5mm、10mm 及 15mm 时三支承轴承转子系统刚性转盘所在节点位置(节点 3)的时频图、轴心轨迹以及幅值谱图如图 6.17 所示。

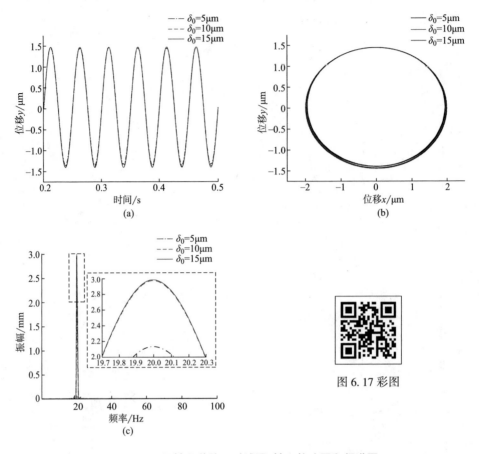

图6.17 彩图

图6.17 不同轴承游隙下时域图、轴心轨迹图和频谱图

图6.17(a)可以看出三种转子偏心量下,系统在 y 方向的振动周期均为0.05s,振动位移分别在 $-1.40 \sim 1.44$ mm、$-1.43 \sim 1.44$ mm、$-1.44 \sim 1.44$ mm 振动。图6.17(b)中,系统在 x 方向位移分别在 $-1.98 \sim 1.98$ mm、$-1.99 \sim 1.99$ mm、$-1.99 \sim 1.99$ mm 振动。轴心轨迹均为圆形。轨迹中心分别是(0,0.02mm)、(0,0.01mm)、(0,0mm)。图6.17(c)中,一倍频率对应幅值分别为2.13mm、2.97mm、2.98mm,二倍频率相差不大。

由图6.17可知,随着轴承游隙的增加,转子系统的振动周期不变,沿 x 和 y 方向的振动位移和振幅变化不大。一倍转频对应幅值由变化不大到骤然减小。为了进一步说明轴承径向游隙与系统振动幅度间的相互关系,图6.18给出了双支承和三支承下,不同轴承游隙下系统振动幅度的折线图。

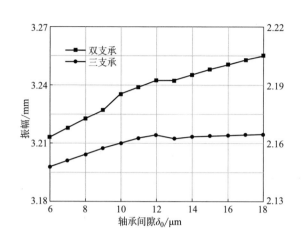

图 6.18　不同轴承游隙下刚性盘节点位置对应的振动响应

从图 6.18 中可以看出,随着轴承游隙的增加,两种结构的振动幅值分三个阶段递增,第一阶段为轴承游隙在(6mm,12mm)区间内,系统的振幅呈线性增加;在(12mm,13mm)区间内,振幅骤减且三支承结构的减少程度明显大于双支承结构;在(13mm,18mm)区间内,系统振幅再次呈线性增加,但三支承结构的增加程度极小甚至趋于平稳。当轴承间隙为 12mm 时,此时结合结构本身耦合特性对径向力的支配作用达到峰值,经过峰值后轴承游隙对系统的影响减小以致振幅不发生明显的变化。

为研究轴承游隙增大情况对系统响应的变化趋势,图 6.19 为不同轴承游隙时,系统各节点的运动轨迹。

图 6.19 对比可得,随着轴承游隙的不断升高,各节点的运动轨迹形状无明显变化,位移大小无明显增加。运动轨迹对应中心所在直线的内凹程度变化不明显。随轴承游隙的增加,三支承结构的耦合特性对转子不平衡的抑制效果先逐渐提升再趋于不变。

本节提出耦合建模的三支承结构轴承转子系统模型,通过仿真研究了转子速度、转子偏心量、轴承游隙对三支承结构轴承转子系统的动力学特性的影响,

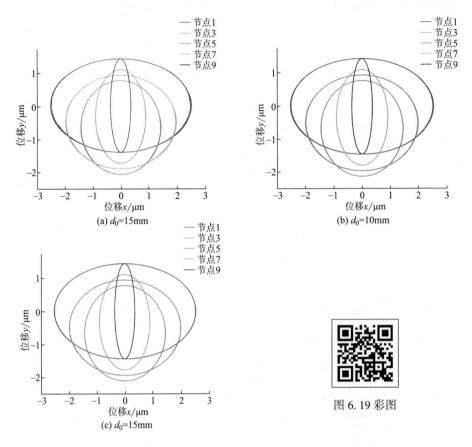

图 6.19 彩图

图 6.19 不同轴承游隙下转子响应的运动轨迹

分析了系统不同状态下的信号特点,得出以下结论:随着转速的增加,三支承结构能有限地增大系统稳定工作的周期运动区域;质量偏心对三支承结构轴承转子系统的动力学特性仍有一定影响,但与双支承相比,可将由于质量偏心所产生的振动成倍数形式降低。且系统的振幅与转子偏心量成正比,所以使用三支承结构时仍要严格控制转子的偏心量;三支承结构的使用能在极大程度上减小轴承间隙对轴承转子系统的非线性影响。并且轴承游隙增加到一定数值不会对三支承结构的系统动力学特性造成明显变化。

6.3 多轴承同轴安装下的外圈故障轴承的位置判定方法

前文工作已经证明,现阶段高速电主轴等机械装置在使用时往往在双支承结构中添加一个额外的支承以增大系统刚度、减小剧烈振动,随着转速的增加,三支承结构能有限地增大系统稳定工作的周期运动区域。然而,由于其多支撑结构带来的力学特性,故障轴承类别和位置形式问题给设备维护带来极大困难。为确保服役性能的稳定性,对多支撑轴承系统的故障状态监测提出了更高的要求。当轴承发生故障时,不仅要确定故障类型,而且要区分故障轴承的位置。目前对滚动轴承故障诊断的研究主要集中在单个轴承的故障检测、诊断或缺陷定位上,而忽略了对轴系中多个轴承同轴运行的诊断研究。并且,滚动轴承有时受到恶劣工作条件的影响,安装在其附近的传感器无法正常工作,或者由于机器内部结构复杂,振动传感器的位置远离滚动轴承,而不能有效地判断故障轴承的位置。值得注意的是,PF 理论在故障诊断领域中越来越受到重视。

本节构建了故障轴承位置与 PF 之间的映射关系,通过获取多支撑轴承系统中各轴承位置处测点的 PF,实现故障轴承的位置判定。判定方法借助外圈故障动力学模型和功率衰减特性,解决了多支撑轴承系统中单个轴承发生外圈故障时的故障轴承的位置判定问题。针对多支撑轴承系统中的单个外圈故障轴承的定位问题的基础研究,考虑从故障源最终到传感器的多结构界面的动力学影响,为其在更复杂的条件下的故障诊断提供了初始研究框架,如图 6.20 所示。

考虑到远离轴承的界面振动响应(即传感器所测得的响应),把它看作三个谐振子的相互作用模型。该模型内圈、外圈以及轴承基座都考虑为水平(x 轴)和垂直(y 轴)方向的二自由度。系统建立为六自由度模型,如图 6.21 所示。系统的动力学方程如下:

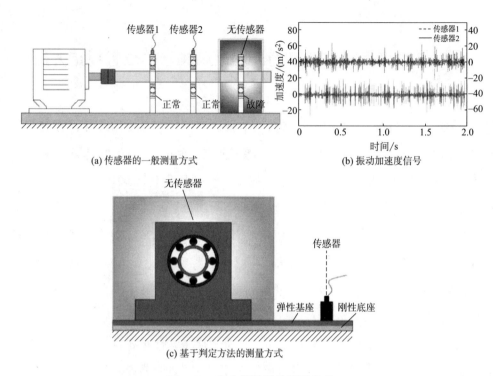

(a) 传感器的一般测量方式

(b) 振动加速度信号

(c) 基于判定方法的测量方式

图 6.20　多支撑轴承的测量方式

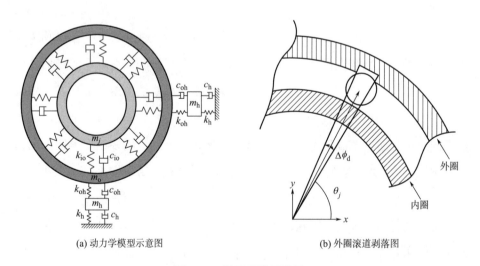

(a) 动力学模型示意图

(b) 外圈滚道剥落图

图 6.21　轴承系统示意图

对于滚动轴承内圈:

$$m_i \ddot{x}_i + c_{io}(\dot{x}_i - \dot{x}_o) + k_{io}(x_i - x_o) + f_x = 0$$
$$m_i \ddot{y}_i + c_{io}(\dot{y}_i - \dot{y}_o) + k_{io}(y_i - y_o) + f_y = W_y \tag{6.20}$$

对于滚动轴承外圈:

$$m_o \ddot{x}_o + c_{oh}(\dot{x}_o - \dot{x}_h) + k_{oh}(x_o - x_h) - $$
$$c_{io}(\dot{x}_i - \dot{x}_o) - k_{io}(x_i - x_o) - f_x = 0$$
$$m_o \ddot{y}_o + c_{oh}(\dot{y}_o - \dot{y}_h) + k_{oh}(y_o - y_h) - \tag{6.21}$$
$$c_{io}(\dot{y}_i - \dot{y}_o) - k_{io}(y_i - y_o) - f_y = 0$$

对于弹性基座:

$$m_h \ddot{x}_h + c_h \dot{x}_h + k_h x_h - c_{oh}(\dot{x}_o - \dot{x}_h) - k_{oh}(x_o - x_h) = 0$$
$$m_h \ddot{y}_h + c_h \dot{y}_h + k_h y_h - c_{oh}(\dot{y}_o - \dot{y}_h) - k_{oh}(y_o - y_h) = 0 \tag{6.22}$$

式中，m_i、m_o 和 m_h 分别代表轴承内圈、外圈和基座的质量，c_{io}、c_{oh}、c_h 分别代表轴承内圈、外圈和基座的阻尼，k_{io}、k_{oh} 和 k_h 分别代表轴承内圈、外圈和基座的刚度，f_x 和 f_y 分别表示 x 和 y 方向上的总接触力，W_y 表示施加在 y 方向上的负载。

设 θ_j 为第 j 个滚珠相对于 x 正半轴的角度，计算式如下:

$$\theta_j = \theta_0 + \omega_{cage} t + 2\pi(j - 1)/N_b \tag{6.23}$$

式中，N_b 为滚动体总数，θ_0 为选定参照滚珠的初始角度，ω_{cage} 为滚珠保持架的旋转速度，由下面式子计算:

$$\omega_{cage} = \frac{\omega_r}{2}\left(1 - \frac{d_b \cos\alpha}{D_m}\right) \tag{6.24}$$

式中，ω_r 为转子的旋转速度，d_b 和 D_m 分别为滚动体直径和节圆直径，α 为接触角。随着轴承旋转运动，滚动体的接触变形为:

$$\delta_j = (x_i - x_o)\cos\theta_j + (y_i - y_o)\sin\theta_j - 0.5c_r - \beta_j \delta_d \tag{6.25}$$

式中，c_r 为轴承的径向游隙，δ_d 为分段函数，β_j 由下面式子计算:

$$\beta_j = \begin{cases} 1, & \phi_d - \Delta\phi_d < \theta_j < \phi_d + \Delta\phi_d \\ 0, & \text{其他} \end{cases} \tag{6.26}$$

根据赫兹接触理论和最近研究，x 和 y 方向上的总接触力为：

$$f_x = K \sum_{j=1}^{N_b} \lambda_j \delta_j^{1.5} \cos\theta_j$$

$$f_y = K \sum_{j=1}^{N_b} \lambda_j \delta_j^{1.5} \sin\theta_j$$

(6.27)

式中，K 为载荷挠度系数，λ_j 是第 j 个滚动体的负载开关量，为：

$$\lambda_j = \begin{cases} 1, & \delta_j > 0 \\ 0, & \delta_j \leqslant 0 \end{cases}$$

(6.28)

计算故障产生的非线性接触力，并将其代入系统模型的动力学方程，其微分方程的解为故障滚动轴承的振动响应。

对于外圈故障轴承位置的判定方法：

步骤 1：功率流理论。

在频域内，时间平均功率可以通过下式计算：

$$P = \frac{1}{2} \mathrm{Re}\{f \cdot v^*\}$$

(6.29)

式中，$*$ 表示复共轭，Re 表示实部，f 和 v 分别为给定频率下的内力和速度响应。

步骤 2：功率衰减理论。

由于不连续的反射，任何有限结构都会表现出共振，而这种共振在无限结构的响应中并不明显。为了简化实际情况下的强迫振动计算，可以利用无限结构的功率流公式进行响应估计。为了方便说明，距离故障轴承最近的传感器安装位置称为零点故障位置，如图 6.22 所示。从故障源的位置传递至其他位置处的 PF 为 P_{tr}（忽略第二项和第三项的影响）：

$$P_{tr} = \frac{|F_o|^2 \omega}{16EIk^3} \cdot \mathrm{e}^{-2ky\zeta}$$

(6.30)

式中，E 表示杨氏模量，I 为截面二阶矩，$k^3 = \omega^2 \rho A / EI$，$F_o$ 为传递力，ζ 为阻尼比，y 为故障源的位置到其他位置的距离（如图 6.22 所示，零点故障位置到位置 i 处距离等于 $i \cdot L$）。

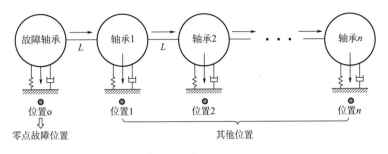

图 6.22　系统功率流传递示意图

根据模型假设(第 1.1 节),k 和 ζ 是系统的固有特性,各位置处传递力的计算与距离 y 相关,可针对式(6.30)作对数变换,得到零点故障位置与其他位置的线性关系:

$$P_i = \frac{|F_o|^2 \omega}{16EIk^3} \cdot e^{-2k\zeta iL} + \frac{1}{2}\text{Re}\{f \cdot v^*\}$$

$$\log_e P_o = \max\{\log_e P_1, \log_e P_2 \log_e P_{i-1}, \log_e P_i\} \quad (i = 1,2,3,\cdots) \tag{6.31}$$

$$\Delta_i = \log_e P_o - \log_e P_i = 2k\zeta \cdot iL$$

式中,P_o 为零点故障位置的 PF,P_i 为位置 i 处的 PF。根据 Δ_i 的等式可知,故障源与其他位置的非线性关系即转换为零点故障位置与其他位置的线性关系。

步骤 3:均方根差值 ΔRMS 和归一化。

其他干扰频率会使得对数 PF 差与距离大小不再成正比,这不利于故障轴承的位置判断。该特征反映了信号中特定特征频率的能量贡献:

$$\Delta\text{RMS} = \sqrt{\frac{\sum_{k=1}^{5} \Delta f_k^2}{5}} \tag{6.32}$$

为了达到可视化的要求,将计算结果进行归一化:

$$C_i = -\frac{\Delta\text{RMS}_i}{\max\{\Delta\text{RMS}_i\}} \quad (i = 1,2,3\cdots) \tag{6.33}$$

模型模拟计算选用 MB ER-8K 深沟球轴承,附加负载 $W_y = 8.415\text{N}$,转子转速稳定在 1800r/min。设置参数,初始位移 0μm;初始速度 $\dot{x}_0 = 1 \times 10^{-6}$ m/s, $\dot{y}_0 = 1 \times 10^{-6}$ m/s;阻尼 $c_{io} = 500$ N · s/m, $c_{oh} = 500$ N · s/m, $c_h = 400$ N · s/m;阻尼比 $\zeta = 7.6 \times 10^{-4}$。其他参数设置见表 6.3,在 MATLAB 中使用四阶龙格库塔法进行数值求解,步长 1×10^{-5} s。零点故障位置被视为唯一变量,以避免其他因素对外圈故障轴承的位置判定的干扰。

表 6.3　仿真参数

参数	值
内圈 d/mm	12.70
外圈 D/mm	47.00
滚珠直径 D_b/mm	0.31
剥落区宽度/mm	2.00
滚珠总数 N_b	8
节圆直径 D_m/mm	33.48
径向游隙 c_r/mm	14.00
内圈和转子质量 m_i/g	539.00
外圈质量 m_o/g	120.00
基座质量 m_h/g	831.80
转子的材料密度 ρ/(g/cm^3)	6.65
转子的弹性模量 E/GPa	210.00
相邻轴承间距 L/mm	100.00

图 6.23 是仿真计算的加速度和时变接触力。通过获得的加速度和时变接触力,带入计算规则得到各位置的对数 PF,归一化值与各轴承位置的映射关系。图 6.24(a)为零点故障位置设置在轴承位置 1 处的情况,根据计算规则得出的归一化关系为位置 1>位置 2>...>位置 n[图 6.24(b)中,此时 $C_1 = 0$]。图 6.24(c)为零点故障位置设置在轴承位置 i 处的情况,根据计算规则得出的归一化关系为位置 i>位置 $i-1$>...>位置 1 且位置 i>位置 $i+1$>...>位置 n[图 6.24(d)中,此时 $C_i = 0$]。图 6.24(e)为零点故障位置设置在轴承位置 n 处

的情况,根据计算规则得出的归一化关系为位置 n>位置 $n-1$>位置 $n-2$>...>位置 1[图 6.24(f)中,此时 $C_n=0$]。可以看出,归一化值从零点故障位置到其他位置处依次递减,与距离 y 成正比。

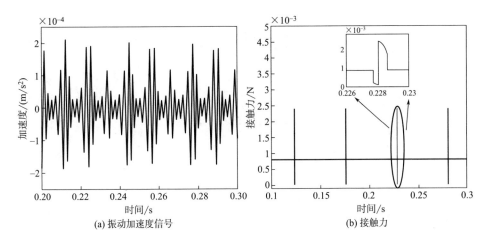

(a) 振动加速度信号　　　　　　　　(b) 接触力

图 6.23　仿真模拟响应

　　因此,可以根据 PF 衰减的特征区分故障轴承的位置,即传感器测得的归一化值最大的位置(此位置处 $C=0$),就是故障轴承的位置,且 $C=0$ 被看作区分故障轴承位置的指标。

　　本节利用轴承动力学模型和 PF 理论,构建故障轴承位置与系统振动之间的映射关系,从物理模型角度为区分轴承外圈故障的位置问题提供理论依据。分析了 PF 特性与故障轴承位置的关系,结论如下:在滚动轴承非线性外圈故障模型的基础上,通过 PF 理论建立计算规则。仿真和实验表明,从故障轴承到其他位置的 PF 值随着距离的增加而减小。实验验证了该判定方法在多支撑轴承系统中识别故障轴承位置的有效性;实验结果验证了由对数 PF 而形成的线性关系,以及归一化最大值 $C=0$ 作为区分故障轴承位置的指标的有效性。结果也表明,对数 PF 归一化值的衰减特性对轴转速的依赖性很小。目前只是针对单个外圈故障轴承的位置判定进行了验证,其更复杂条件下的位置判定和 PF 在轴承状态监测中的应用还需要进一步地研究。

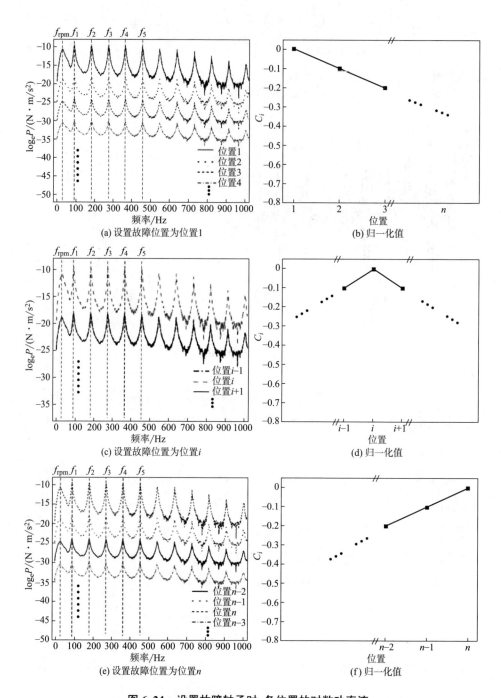

图 6.24　设置故障轴承时，各位置的对数功率流

第7章　状态监测理论与故障诊断的试验验证

7.1　不同球径差下轴承噪声辐射分布验证

在全陶瓷轴承—陶瓷电主轴试验台上开展试验研究,试验装置如图7.1所示。

图7.1中,全陶瓷球轴承材料为氮化硅陶瓷,型号为7009C,位于电主轴两端,其结构参数见3.2节,滚动体尺寸精度为G100。轴承外圈固定,内圈由电机带动的转子驱动,转速可由控制器控制,轴向预紧力设为

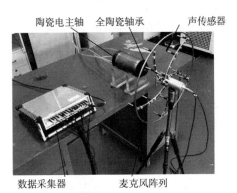

陶瓷电主轴　全陶瓷轴承　　　声传感器

数据采集器　　　　麦克风阵列

图7.1　全陶瓷球轴承辐射噪声试验装置

F_x = 300N,其余外载荷可忽略不计。辐射噪声信号由位于麦克风阵列上的传声器采集,麦克风阵列最大直径为460mm,可绕中心旋转,从而获取周向声压级分布情况。在前述研究中,已经证实陶瓷电主轴辐射噪声主要源于两端的全陶瓷轴承,因此,在工况改变时其他部分产生噪声对结果的影响可以忽略。试验中采用 Müller-BBM 公司生产的数据采集器,数据采集器型号为 PAK MKⅡ-SC42。声传感器采用声望公司 BSWA-MPA416 型号 1/4 英寸传声器。设置采样频率为 51.2kHz,阵列旋转间隔为 12°,传声器平行于轴承轴线布置,顶端与轴承端面最小距离为 100mm。试验温度为 25℃,背景噪声小于 40dB,在 15000r/min 下与 30000r/min 下的辐射噪声试验结果分别如图7.2、

图 7.3 所示。

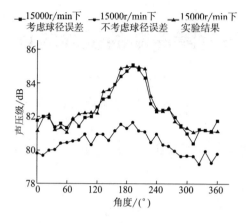

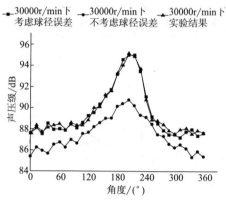

图 7.2　15000r/min 下结果对比　　图 7.3　30000r/min 下结果对比

　　如图 7.2、图 7.3 所示,不考虑球径差的轴承辐射噪声计算结果与试验结果差异较大,而考虑球径差的模型计算结果与试验结果更为吻合。误差产生的原因主要为在模型中轴承表面与场点之间辐射介质设为空气,辐射噪声穿过空气时,衰减量与试验中穿过电主轴壳体衰减量不同,从而使计算结果中部分频率成分与试验值有一定差异。可以看出,考虑球径差后,全陶瓷轴承辐射噪声明显高于不考虑球径差时钢制轴承辐射噪声,这一点与前文所述试验事实相吻合。考虑球径差的辐射噪声模型能够更好地模拟全陶瓷轴承运行情况,可适用于全陶瓷轴承辐射噪声特性的进一步研究。

7.2　滚动体非均匀承载的状态监测与诊断

　　从第 3 章可知,非均匀承载是影响全陶瓷球轴承性能的重要因素之一,需要通过信号分析加以识别。非均匀承载条件主要是由球径差引起的,并受球径公差和球排的结构参数的影响。本文通过试验研究,对两种不同结构参数下的轴承性能进行了检验。

试验研究在全陶瓷球轴承—陶瓷电主轴试验台上进行,试验台照片如图7.4所示。

控制柜　　陶瓷电主轴　　全陶瓷轴承 空气压缩机

水冷　　　激光测振仪　　油箱

图7.4　试验台中的设备

图7.4中,陶瓷电主轴两端装配全陶瓷球轴承,转速通过控制柜设定。轴承的圈和球由氮化硅制成,轴承的保持架由酚醛树脂制成。径向载荷来自转子的质量,为100N。轴向载荷可通过恒压预紧装置调节,此处设置为500N。利用空压机的空气引入油液进行润滑,严格限制油液的流量,以模拟润滑不足的情况。空气和油的流速分别为4.38m³/h和0.003m³/h。水冷却系统用于维持轴承的温度,并避免来自热相关因素的影响。由于非接触式测量更适合采集内环的振动信号,故采用激光测振仪。激光光斑放置在轴上,可以更好地揭示内环的动态响应。数据由收集器收集,并导出用于进一步分析。

7.2.1　非均匀承载模型验证

球的尺寸可以通过坐标测量机(CMM)获得,轴承的球直径见表7.1。

表 7.1　试验中球的直径

球编号	直径/mm	球编号	直径/mm	球编号	直径/mm
1	9.5089	7	9.5068	13	9.5065
2	9.4904	8	9.4984	14	9.5081
3	9.4928	9	9.5006	15	9.4962
4	9.4957	10	9.4980	16	9.5026
5	9.5006	11	9.4949	17	9.4943
6	9.5002	12	9.4954		

工况设置与 3.3 节相同,结果如图 7.5 所示。

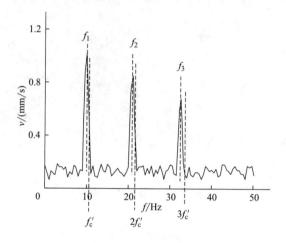

图 7.5　试验中球的试验结果

从图 7.5 可以看出,内环的频率结果有三个峰,f_1、f_2 和 f_3。峰值 f_1、f_2 和 f_3 分别出现在 10Hz、21Hz 和 32.5Hz。由式(3.29)、式(3.30)可得 f_c'、$2f_c'$ 和 $3f_c'$ 分别为 11.36Hz、22.73Hz 和 34.09Hz。可以看出,频率误差小于 2Hz 可以忽略不计。该模型与试验结果吻合较好,频率分量与实际情况吻合较好。不均匀加载条件需要通过振幅分析来评价。

7.2.2　不同结构参数的研究

球直径公差反映了球直径的变化范围,对球与环之间的相互作用有很大影响。加载球的数量和位置随着球径公差的变化而变化,并导致加载条件不均匀变化。

假设直径公差是围绕公称球径的一个对称范围,见表 7.2,公称球径为 9.5mm,公差为 0.02mm 时,则球径范围为 9.49~9.51mm。在此选择三组不同球直径公差的轴承。组标 A、B、C,对应的球径公差分别为 0.02mm、0.04mm、0.06mm。每个球的直径通过三坐标测量机得到,见表 7.3。

表 7.2　全陶瓷球轴承结构参数

符号	数值
轴承外圈直径/mm	75
初始接触角/(°)	15
轴承宽度/mm	16
保持架内径/mm	62.1
保持架厚度/mm	1.45
外圈最大厚度/mm	4.55
保持架宽度/mm	14.75
公称球径/mm	9.5
滚动体个数/个	17
内圈外径/mm	54.2
内圈内径/mm	45

表 7.3　不同组球的直径

球编号	A 组/mm	B 组/mm	C 组/mm	球编号	A 组/mm	B 组/mm	C 组/mm
1	9.5089	9.5176	9.4793	10	9.4980	9.5001	9.5138
2	9.4904	9.4963	9.4762	11	9.4949	9.5009	9.5000
3	9.4928	9.5038	9.4715	12	9.4954	9.4800	9.4920
4	9.4957	9.4993	9.5114	13	9.5065	9.5133	9.4827
5	9.5006	9.4875	9.4727	14	9.5081	9.5166	9.5260
6	9.5002	9.5093	9.5160	15	9.4962	9.5045	9.4981
7	9.5068	9.4984	9.5280	16	9.5026	9.4870	9.5031
8	9.4984	9.4977	9.5092	17	9.4943	9.5145	9.4914
9	9.5006	9.5043	9.5108				

轴承转速设置为 9000r/min。径向载荷设定为 100N,轴向预紧力设定为

500N。频率范围为 0~150Hz，分析步长为 0.5Hz。不同组球采用相同的内环和外环进行装配，忽略装配误差的影响。内环频域振动结果如图 7.6 所示。

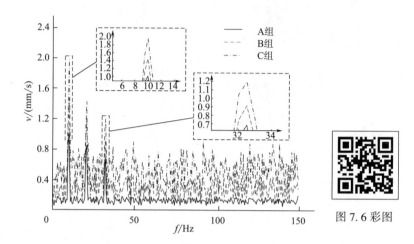

图 7.6 彩图

图 7.6　不同球径公差的内圈振动结果

在图 7.6 中，当球直径公差发生变化时，峰值频率变化不明显，但振幅变化较大，尤其是在峰值频率处。从局部变焦可以看出，A 组和 C 组的带球振幅在 f'_c 处差距较大，但在 $3f'_c$ 处差距变小。A 组球的振幅比 $v(f'_c)/v(3f'_c)$ 为 1.48，B 组和 C 组球的振幅比分别为 1.60 和 1.65，说明加载条件随球径公差的变化而变化。状态监测结果表明，随着球径公差的增大，加载不均匀现象趋于明显。

另外，当公差固定时，不均匀的加载情况仍然受球的布置影响。所以，现在选择 C 组的球进行内环和外环组装，并调整球的排列。由模型可知，球的排列方式的改变会引起相邻球间直径差的变化，从而引起加载条件的变化。相邻球之间的直径差可表示为：

$$\Delta_j = |D_1 - D_{17}| \qquad (j=1)$$
$$\Delta_j = |D_j - D_{j-1}| \qquad (j=2,3,4,\cdots,17) \qquad (7.1)$$

最大相邻球直径差 $\Delta_{\max}$ 和标准差 $V(\Delta)$ 用于评价球的排列，可表示为：

$$\Delta_{\max} = \max(\Delta_j) \qquad (7.2)$$

$$V(\Delta) = \sqrt{\dfrac{\displaystyle\sum_{j=1}^{M} (\Delta_j - \overline{\Delta})^2}{M}} \tag{7.3}$$

式中,$\overline{\Delta} = \left(\sum \Delta_j\right)/M$ 为球径差的平均值。不同的排列用 A_1、A_2、A_3 和 A_4 标记,$\Delta_{\max}$ 和 $V(\Delta)$ 的参数见表 7.4。

表 7.4　不同布置下的 $\Delta_{\max}$ 和 $V(\Delta)$

布置点	A_1	A_2	A_3	A_4
$\Delta_{\max}$/mm	0.0360	0.0433	0.0533	0.0565
$V(\Delta)$	0.0116	0.0146	0.0173	0.0121

工况参数和分析参数与 3.3 节相同,轴承内圈的频率结果如图 7.7 所示。

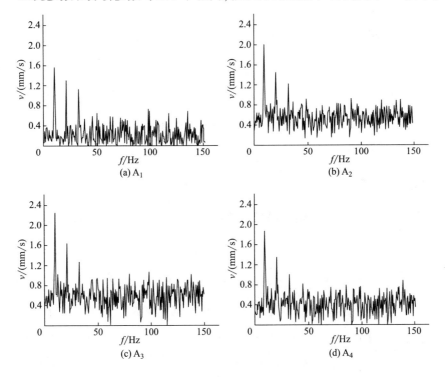

图 7.7　不同排列结果下的内圈频率

如图 7.7 所示,不同的排列方式,频率的幅值变化很大。反映内环整体振动强度的 f'_c 振幅在各频率分量中变化最大。内环振动的递减顺序为:A_3、A_2、

A_4、A_1，与 $V(\Delta)$ 的递减顺序相同。振幅比 $v(f_c')/v(3f_c')$ 在 A_1 时为 1.39、在 A_2 时为 1.65、在 A_3 时为 1.77、在 A_4 时为 1.86。振幅比的递减顺序为：A_4、A_3、A_2、A_1，这与 Δ_{max} 的递减顺序相同。因此可以推断，当球径公差一定时，f_c' 的振幅表现为相邻球径差的标准差水平，振幅比随相邻球径差的最大值而增大。振幅比显示了加载的不均匀性，随着 Δ_{max} 的增大，加载的不均匀性变得更加明显。

试验结果表明，峰值频率与计算结果吻合较好，通过峰值频率幅值可以状态监测和评价加载不均匀情况。球径公差和球的排列方式是影响不均匀加载条件的主要结构参数，也可以在信号中体现出来。

当公差增大时，球直径的排列更加分散。较大球和较小球的加载时间差异增大，轴承在负载较小的球时运行更频繁。因此可以推断，振幅比 $v(f_c')/v(3f_c')$ 的增加标志着负载球的减少，球直径公差的提高不利于轴承性能的维持。

当球的直径公差固定时，状态监测结果也随着球的排列而变化。频率结果的变化来自球与环之间的接触情况。当 $V(\Delta)$ 增加时，交替加载球变得更加频繁，振动加剧。另外，随着 Δ_{max} 的增大，大球与小球的加载时间差增大，加载球数减少，加载不均匀现象更加明显。从结果可以看出，f_c' 振幅随相邻球径差标准差的增大而增大，不均匀加载条件与相邻球径差最大值具有相同的趋势。

7.3　基于声音信号的混合陶瓷球轴承外圈剥落定位

本节设计了一种验证定位方法的试验研究，并在陶瓷电主轴试验台上进行了试验研究。主轴两端安装混合陶瓷球轴承，轴承型号为 7003C。为了模拟剥落故障，在外圈上加工了一个直径为 1mm 的通孔。在图 4.2 和图 4.3 所提出的模型中，球通过剥落区域而不接触剥落底部，在外圈上开通孔时也发生同样的情况。主轴前端轴承为外圈在 $\phi_s = 270°$ 处剥落的故障轴承，后端轴承为健康轴承。轴承系统的转速最高可达 60000r/min，可手动控制，如图 7.8 所示。

图 7.8 中的声学传感器类型为 BSWA MPA416，传感器的灵敏度从 48.5～

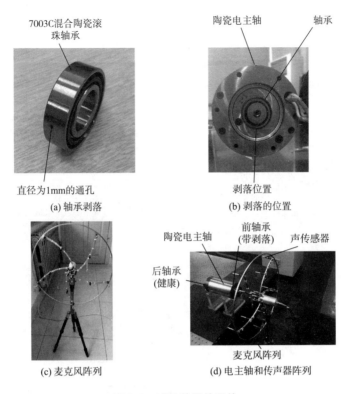

图 7.8　试验装置的照片

50mV/Pa 不等。所使用的数据采集器为 PAK MK Ⅱ-SC42,采样频率设置为 5000Hz。测量点布置在距前轴承 100mm 处,设置麦克风阵列,以保证声传感器的位置。麦克风阵列可以绕中心旋转,得到声辐射的周向分布。轴承转速设置为 15000r/min,轴向预紧力和径向载荷分别为 200N 和 100N。环境温度为 25℃,背景噪声低于 40dB。试验声辐射结果的周向分布如图 7.9(a)所示。然后通过 FFT 得到中心点处的频率结果,如图 7.9(b)所示。然后分别计算 $d=$ 60mm、260mm 和 460mm 周长 f_o 的振幅,$\Delta S(f_o)$ 的变化趋势如图 7.9(c)所示。

从图 7.9(a)可以看出,180° 和 204° 方位角的声压级差异不是很明显,近场声压级的周向分布很难识别或定位剥落。与图 4.5(a)的结果相比,图 7.9(a)的结果规则性较差,计算结果与试验结果的误差在可接受范围内。误差来自其他轴承和电机声辐射的干扰,与有剥落的轴承声辐射相比不明显。频域结果在

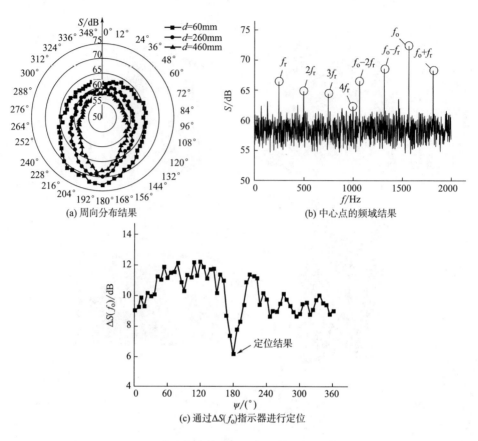

(a) 周向分布结果

(b) 中心点的频域结果

(c) 通过 $\Delta S(f_o)$ 指示器进行定位

图7.9 试验结果与剥落定位

图 7.9(b)已经表明,不仅有旋转与速度有关的频率成分在声辐射的中心,也有与剥落有关的频率。频率分量如图 4.5(b)所示,说明剥落对整体声辐射的贡献较大。获取 f_o 振幅的径向衰减,可以清楚地看到 $\Delta S(f_o)$ 在 $\psi = 180°$ 处有一个明显的全局最小值,这与 $\phi_s = 270°$ 的剥落位置是对应的。结果识别清晰,定位结果与实际剥落位置吻合。

从上述情况可以看出,从周长的声压级很难看出剥落的位置,频域信息至关重要。以 f_o 的振幅为指标,取得了较好的效果,但相邻值之间的差异很小,不能很好地识别结果。$\Delta S(f_o)$ 的振幅显示了剥落位置的最小值,$\Delta S(f_o)$ 的指示器对外圈剥落的定位具有较高的精度。仿真和试验结果表明,定位精度取决于传感器的个数和角间距,当一个圆周内测点个数达到 60 个时,定位效果较好。

7.4　基于同步均方根差分的全陶瓷
球轴承外圈裂纹位置识别方法

本节通过对试验数据的分析,验证了提出的全陶瓷球轴承外圈裂纹位置识别方法的准确性和可行性。图7.10为本次试验所使用的轴承转子试验台。

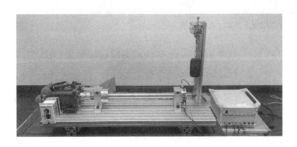

图7.10　轴承故障测试

两个型号为6004的全陶瓷深沟球轴承安装在轴承故障试验台上,试验的主要参数见表7.5。其中一个全陶瓷滚动轴承的外圈被加工为裂纹破坏,如图7.11(a)所示;裂纹故障轴承的安装位置及角度如图7.11(b)所示。外圈裂纹的角位置从 $\varphi_c = 0°$ 至 $\varphi_c = 180°$ 选择。

表7.5　外圈裂纹位置识别试验的主要参数

参数	数值
轴转速 $\omega_s/(\text{r/min})$	3000
径向力 F/N	50
轴承类型	6004
裂纹深度 d_c/mm	0.35
裂纹张开角 $\Psi/(°)$	0
x 轴与 z 轴夹角 $\varphi_a/(°)$	60
采样频率/Hz	5000

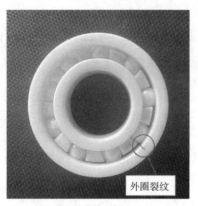 

(a) 全陶瓷轴承外圈加工裂纹　　　　　　(b) 裂纹故障轴承安装位置

图 7.11　全陶瓷轴承裂纹故障照片

将通过外环裂纹位置识别方法得到的试验数据曲线与仿真信号进行对比，如图 7.12 所示。

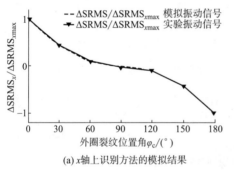 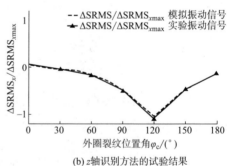

(a) x 轴上识别方法的模拟结果　　　　　(b) z 轴识别方法的试验结果

图 7.12　裂缝位置识别结果比较

由图 7.12(a)可见，$\Delta SRMS_x/\Delta SRMS_{xmax}$ 的试验结果在 $\varphi_c = 0°$ 至 $\varphi_c = 180°$ 呈递减状态；同时在 $\varphi_c = 90°$ 处，$\Delta SRMS_x/\Delta SRMS_{xmax}$ 近似为 0，如图 7.12(b) 所示，$\Delta SRMS_z/\Delta SRMS_{zmax}$ 的试验结果从 $\varphi_c = 0°$ 下降到 $\varphi_c = 120°$，再从 $\varphi_c = 120°$ 上升到 $\varphi_c = 180°$，而 $\Delta SRMS_z/\Delta SRMS_{zmax}$ 在 $\varphi_c = 30°$ 处近似为 0。综合考虑试验中的干涉等问题，可以看出，试验得到的外圈裂纹位置与 $\Delta SRMS_x/\Delta SRMS_{xmax}$、$\Delta SRMS_z/\Delta SRMS_{zmax}$ 曲线高度吻合，证明了本文提出的全陶瓷球轴承外圈扩展

非线性动力学模型的准确性。

图 7.13 为外环裂纹角位置 $\varphi_c = 30°$ 时 x_{c1}、x_{c2} 和 z_{c1}、z_{c2} 的振动信号。根据图 4.17 所示的过程,在本例中分析识别全陶瓷球轴承外圈的裂纹位置。

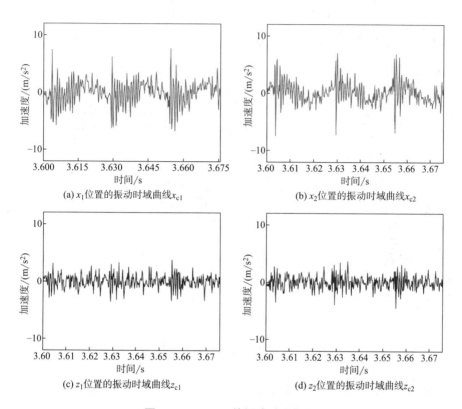

图 7.13　$\varphi_c = 30°$ 的振动时域曲线

首先,分别计算四组振动信号对应的同步均方根 $\Delta\mathrm{SRMS}_{x1}$、$\Delta\mathrm{SRMS}_{x2}$ 和 $\Delta\mathrm{SRMS}_{z1}$、$\Delta\mathrm{SRMS}_{z2}$。根据式(4.35),可得 x 轴与 z 轴的同步均方根之差为:

$$\begin{cases} \Delta\mathrm{SRMS}_x = \mathrm{SRMS}_{x1} - \mathrm{SRMS}_{x2} = 0.22037 \\ \Delta\mathrm{SRMS}_z = \mathrm{SRMS}_{z1} - \mathrm{SRMS}_{z2} = -0.00004 \end{cases} \tag{7.4}$$

然后考虑 x 轴与 z 轴正半轴夹角 φ_a 为 60°,分别在 $\varphi_c = 0°$ 和 $\varphi_c = 300°$ 条件下,根据式(4.23),可得到 $\Delta\mathrm{SRMS}_{x\max}$ 和 $\Delta\mathrm{SRMS}_{z\max}$ 为:

$$\begin{cases} \Delta\mathrm{SRMS}_{x\max} = 0.45787 \\ \Delta\mathrm{SRMS}_{z\max} = 0.56162 \end{cases} \tag{7.5}$$

因此,可分别得到 x 轴和 z 轴上的 $\Delta SRMS_x / \Delta SRMS_{xmax}$ 和 $\Delta SRMS_z / \Delta SRMS_{zmax}$,$x$ 轴和 z 轴上的外环裂纹位置角集可分别由式(4.36)和式(4.37)计算:

$$
\begin{cases}
\varphi_{cx} = \{30.16649, \quad 329.83351\} \\
\varphi_{cz} = \{30.75954, \quad 209.24046\}
\end{cases}
\tag{7.6}
$$

得到的计算结果如图 7.14 所示,由式(4.38)可得到外圈裂纹的角位置约为 $30°$。

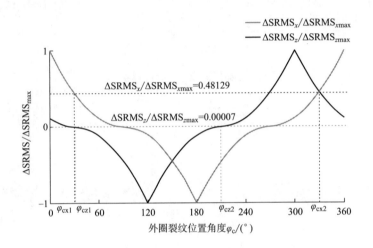

$$\text{图 7.14 \quad 外环裂纹角度位置识别示意图}(\varphi_c = 30°)$$

图 7.15 为外环裂纹角位置 $\varphi_c = 150°$ 时 x_{c1}、x_{c2} 和 z_{c1}、z_{c2} 的振动信号。根据图 4.17 所示的过程,在本例中分析识别全陶瓷球轴承外圈的裂纹位置。

首先,根据式(4.35)计算四组振动信号的均方根差值:

$$
\begin{cases}
\Delta SRMS_x = SRMS_{x1} - SRMS_{x2} = -0.19853 \\
\Delta SRMS_z = SRMS_{z1} - SRMS_{z2} = -0.24218
\end{cases}
\tag{7.7}
$$

由于 x 轴正半轴与 z 轴夹角 φ_a 不变,因此 $\Delta SRMS_{xmax}$ 和 $\Delta SRMS_{zmax}$ 数值与 7.4.2 节所得数值相同。因此,外环裂纹相对于 x 轴和 z 轴的角位置可由式(4.36)和式(4.37)计算:

$$
\begin{cases}
\varphi_{cx} = \{149.26312, 210.73688\} \\
\varphi_{cz} = \{89.10039, 150.89961\}
\end{cases}
\tag{7.8}
$$

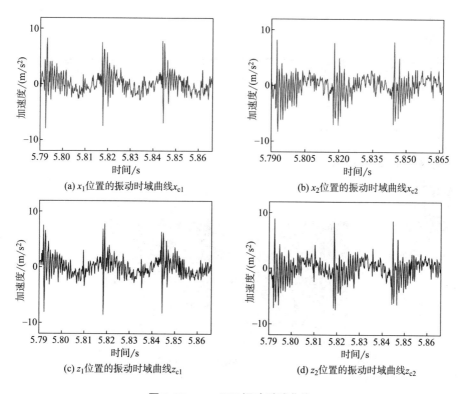

(a) x_1 位置的振动时域曲线 x_{c1}

(b) x_2 位置的振动时域曲线 x_{c2}

(c) z_1 位置的振动时域曲线 z_{c1}

(d) z_2 位置的振动时域曲线 z_{c2}

图 7.15 $\varphi_c = 150°$ 振动时域曲线

得到的计算结果如图 7.16 所示,由式(4.38)可得到外圈裂纹的角位置约为 150°。

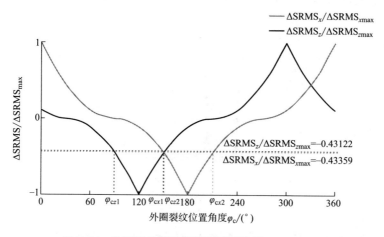

图 7.16 外环裂纹角度位置识别示意图($\varphi_c = 150°$)

7.5 基于水平垂直同步峰值比的故障位置定位

试验数据来自转子试验台,如图 7.17 所示。该试验台包含一个 ER-8K 外圈剥落故障滚动轴承,其余参数与仿真一致。参数设定为转子试验台采样频率为 16384Hz。

图 7.17 轴承转子试验台

根据外圈剥落故障定位判断方法,设外圈剥落故障位置在 230°,转速 720r/min,实测故障轴承的振动信号,对测量的振动信号做 FFT 变换,如图 7.18 所示,其中以 37.58Hz 为主要故障频率,与理论外圈故障频率 36.62Hz 基本一致,由此可以判断剥落故障发生在外圈,为判断剥落外圈故障位置提供了前提。

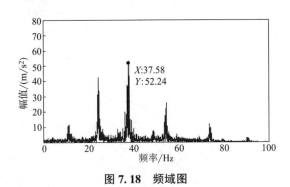

图 7.18 频域图

对试验振动信号进行计算,根据式(4.49),得到水平同步峰值比的值。

$$\text{HVSPR} = \frac{\sum\limits_{i=1}^{N_m} \max |(x(i))|}{\sum\limits_{i=1}^{N_m} \max |(y(i))|} = 0.8700 \qquad (7.9)$$

根据得到的 HVSPR 值,代入球轴承外圈剥落故障定位方法,由仿真结果可知,$\text{HVSPR}_{270°} = 0.0339$,因此可以计算故障角位置:

$$\varphi_f = \begin{cases} 270° - \arctan(\text{HVSPR} - \text{HVSPR}_{270°}) = 230.11°, P > 0 \\ 270° + \arctan(\text{HVSPR} - \text{HVSPR}_{270°}) = 309.89°, P < 0 \end{cases} \qquad (7.10)$$

根据峰值正负判断具体故障角度位置,如图 7.19 所示,峰值大于 0,所以外圈故障角度 $\varphi_f = 230.11°$。通过滚动轴承外圈剥落故障定位方法得到的外圈剥落故障角度位置与实际外圈剥落故障角度相差 0.11°,误差为 0.1%。

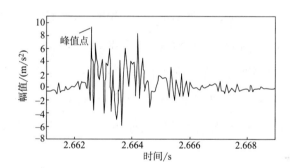

图 7.19　故障位置在 230°水平方向的峰值

设外圈剥落故障位置在 310°,转速 480r/min,实测故障轴承的振动信号,对测量的振动信号做 FFT 变换,如图 7.20 所示,其中以 24.70Hz 为主要故障频率,与理论外圈故障频率 24.39Hz 基本一致,由此可以判断剥落故障发生在外圈。

对试验振动信号进行计算,根据式(4.49),得到水平同步峰值比的值。

$$\text{HVSPR} = \frac{\sum\limits_{i=1}^{N_m} \max |(x(i))|}{\sum\limits_{i=1}^{N_m} \max |(y(i))|} = 0.8902 \qquad (7.11)$$

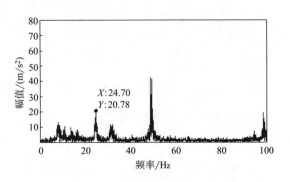

图 7.20 频域图

根据得到的 HVSPR 值,代入球轴承外圈剥落故障定位方法,由仿真结果可知,$HVSPR_{270°} = 0.071$,因此可以计算故障角位置:

$$\varphi_f = \begin{cases} 270° - \arctan(HVSPR - HVSPR_{270°}) = 230.67°, P > 0 \\ 270° + \arctan(HVSPR - HVSPR_{270°}) = 309.32°, P < 0 \end{cases} \quad (7.12)$$

根据峰值正负判断具体故障角度位置,如图 7.21 所示,峰值小于 0,所以外圈故障角度 $\varphi_f = 308.35°$。通过滚动轴承外圈剥落故障定位方法得到的外圈剥落故障角度位置与实际外圈剥落故障角度相差 0.68°,误差为 0.1%,说明了公式的准确性。

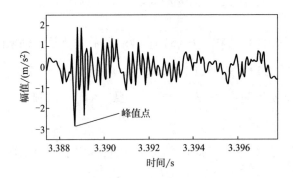

峰值点

图 7.21 故障位置在 310°水平方向的峰值

7.6　宽温域动力学行为与故障诊断试验验证

7.6.1　温变配合间隙对陶瓷球轴承动力学模型影响试验验证

　　采取试验手段对全陶瓷角接触球轴承转子系统不同温度下的动态特性进行测试。在试验室环境下,超过 350K 的轴承工作温度难以获得,因此采用液氮冷却的方法获取其低温升至室温过程中的振动情况。试验在轴承试验机上进行,使用保温箱控制轴承工作温度,试验装置示意图如图 7.22 所示。

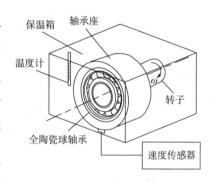

图 7.22　试验装置示意图

　　在图 7.22 中,全陶瓷角接触球轴承置于钢制轴承座中,由转子带动,转子转速可通过轴承试验机进行调节。保温箱为带有温度计的密闭装置,内部温度视为均匀分布,在轴承运转产热与保温箱外壁热传递的作用下,轴承工作温度缓慢上升。试验过程中,向冷却箱中倒入液氮,之后封闭保温箱,并通过温度计观测轴承工作温度。试验用轴承试验机、保温箱及内部设备如图 7.23(a)、(b)所示。

　　设定转子转速为 24000r/min。工作温度测试范围为 $T = 100 \sim 350K$。采用速度传感器测量全陶瓷球轴承径向振动数值,采集时间为 10s,采样频率为16384Hz,将不同温度下采集得到的外圈振动速度做时域平均,得到该温度下轴承外圈振动速度试验结果。将考虑温变配合间隙计算结果、不考虑温变配合间隙计算结果与试验结果进行对比,其中温变配合间隙可通过式(5.8)获得,结果如图 7.24 所示。

　　由图 7.24 可知,不考虑温变配合间隙影响时,轴承动力学模型在温度改变时无明显变化,当其他工况参量不变时,轴承径向振动幅度保持不变;而考虑温变配合间隙影响时,陶瓷外圈与钢制轴承座之间配合间隙随工作温度升高而增

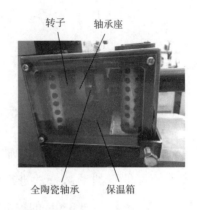

(a) 轴承试验机　　　　　　　(b) 宽温域全陶瓷球轴承—转子系统振动测试装置

图 7.23　试验用轴承试验机、保温箱及内部设备

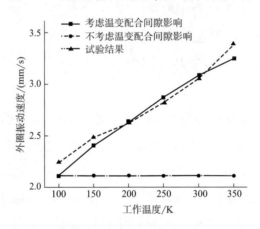

图 7.24　理论计算结果与试验测量结果对比

大,造成轴承振动幅度增大。图 7.24 中,当温度由 100K 升高至 350K 的过程中,全陶瓷角接触球轴承径向振动速度一直呈增加趋势。试验结果表明,考虑温变配合间隙的计算结果与试验测量结果差距较小,考虑温变配合间隙的动力学模型计算精度较高,可用于全陶瓷角接触球轴承在变温工况下动态特性的计算。根据前文计算结果与试验结果可以推断,当全陶瓷球轴承的转速、载荷等工况参量都固定不变时,轴承振动幅度与工作温度呈单因素正相关趋势。轴承工作温度对其振动影响较为明显,在对应用全陶瓷轴承的转子系统设计过程中需要考虑不同工作温度下配合间隙对其回转精度的影响。

7.6.2　宽温域全陶瓷球轴承外圈运动分析试验验证

水平振动信号与垂直信号相结合,用于评估外环运动。旋转速度和负载保持不变,外圈的轨迹由垂直和水平信号获得。为了更清晰地了解模拟和试验结果,图 7.25 显示了温度 $T=100K$ 和 $T=300K$ 时的模拟和试验轨迹。

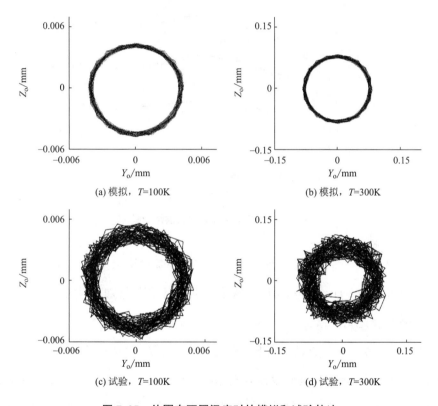

图 7.25　外圈在不同温度时的模拟和试验轨迹

如图 7.25 所示,随着工作温度的升高,外圈运动的幅度增加,轨迹变得更加无序。与模拟结果相比,试验轨迹在圆周上的波动更大,但总体趋势大致相同。当考虑外环在间隙中的运动时,其轨道运动用式表示为(5.13)及式(5.14),并且旋转运动在式(5.15)中表示。旋转速度受摩擦力 F_p 的影响,并与摩擦系数 F_p 相关。在第 5.3 节的模拟中,外圈和底座之间的摩擦系数选择为 0.2。这里,摩擦系数 F_p 设置为 0.1、0.2 和 0.3,并相应地获得外圈的相应垂直响应。工作温度固定在 $T = 300K$,转速范围为 10000~20000r/min,步长为 2000r/min。轴向和径向载荷保持不变,结果在时域内取平均值。计算结果与试验结果的比较如图 7.26 所示。

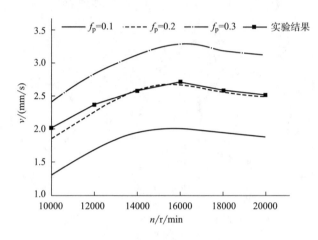

图 7.26　不同摩擦系数的结果比较

如图 7.26 所示,轴承座系统的动态响应随外圈和轴承座之间的摩擦系数而变化。从图 5.2(b)中的模型可以推断,随着摩擦系数的增加,摩擦力 F_p 增加,导致外圈和底座之间的相互作用更强。$f_p = 0.2$ 时的参数选择更接近实际情况,$f_p = 0.2$ 时的模拟结果更接近试验结果。根据式(5.15),F_p 的增加导致外圈的旋转速度增加;也可以推断旋转运动反映在动态响应中。结果,模拟结果与试验结果的比较证明,热变形是全陶瓷轴承系统的关键因素。外圈在间隙中的运动是滚道运动和旋转的结合,通过第 5.3 节中推导的滚道旋转比,直接揭示了该运动。

7.6.3　宽温域内配合间隙引起的全陶瓷球轴承滚道缺陷频率偏差试验验证

开始时,将液氮倒入培养箱以降低工作温度。电机的转速稳定设置为 2400r/min,转子和板的重量为 100N。然后,由于热量产生和交换,工作温度逐渐升高,并在培养箱中模拟宽温域。足够的液氮可以将初始温度保持在 100K 以下,试验室温度为 298K。达到试验室温度后,由于轴承产生热量,工作温度继续升高,最终停止在 340K 左右。为了获得温度范围内轴承的性能,收集 $T=$ 100K、200K 和 300K 时的信号。联轴器附近的轴承是健康的轴承,而培养箱中的轴承有滚道缺陷。内外滚道上的缺陷最初位于底部位置 $\psi_{si}=\phi_{so}=270°$。采样频率设置为 16384Hz。试验中,研究了两个内圈缺陷和外圈缺陷的情况,并收集了基座处的垂直加速度,如图 7.27 所示。

　　图 7.27 显示了两种具有内滚道缺陷和外滚道缺陷的情况。黑色实线显示了 $T=100K$ 时的性能,而红色虚线和蓝色点虚线分别显示了 $T=200K$ 和 300K 时的特性。在图 7.27(a) 中,1×和 2×旋转频率的峰值在不同温度下一致。然而,对于出现在约 5 倍旋转频率的缺陷频率,峰值随温度而变化。可以看出,内滚道缺陷的峰值频率随着工作温度的升高而增加,并且幅度也增大。类似的情况也可以在图 7.27(b) 中看到,1×、2×、3×和 4×旋转频率的峰值在宽温域内保持不变,但外滚道缺陷的特征频率向右移动。

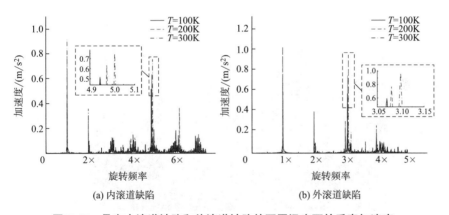

图 7.27　具有内滚道缺陷和外滚道缺陷的不同温度下的垂直加速度

　　在 1×旋转频率和缺陷频率下的振幅显著增加,在高阶旋转频率下变化较小,趋势与模拟结果一致。模拟和试验结果中缺陷频率的比较如表 7.6 所示。

图 7.27 彩图

表 7.6　模拟和试验结果的比较

温度/K	内滚道缺陷频率仿真结果/Hz	内滚道缺陷频率试验结果/Hz	外滚道缺陷频率仿真结果/Hz	外滚道缺陷频率试验结果/Hz
100	197.40	197.80	122.43	122.80
200	198.65	199.00	122.43	123.20
300	199.90	200.40	123.69	124.00

由表 7.6 可知,试验结果的缺陷频率与模拟结果很好地匹配,并且与工作温度具有相同的趋势。因此可以推断,具有温度相关配合间隙的动态模型适用于全陶瓷轴承系统的分析,并且缺陷频率随工作温度的变化而变化。

7.6.4　宽温域配合间隙对全陶瓷球轴承系统声辐射的影响试验验证

全陶瓷轴承系统开始运行,并移除培养箱,以减少声音辐射测量的干扰。试验室的环境温度通过空调设置为 310K,液氮在环境温度下逐渐蒸发,对声辐射的影响可以忽略不计。在这种情况,可以获得不同温度下的声辐射结果,试验台部件的照片如图 7.28 所示。

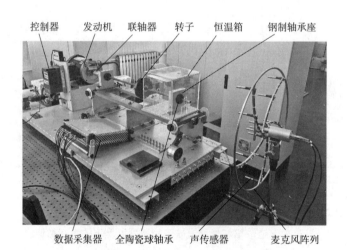

图 7.28　声测试设备的配置

在图 7.28 中,电机是试验台的驱动元件,转速可以手动调节。轴通过联轴器与电机连接,并由两端的两个轴承支撑。转子固定在轴上,可以调节转子的质量。

培养箱盖在轴承和底座上,在顶部留有一个供液氮使用的孔。足够的液氮可以使培养箱中的初始温度低于 100K,然后将培养箱带走以获取声音信号。轴承产生的热量使最终温度达到 340K 左右。声音传感器安装在麦克风阵列上,麦克风阵列能够围绕中心旋转,以获得圆周上的声压级,参考点位于中心。应用的数据采集器是 PAK MK Ⅱ-SC42,声学传感器的类型是 BSWA MPA416,传感器的灵敏度从 48.5~50mV/Pa 不等。阵列的直径为 460mm,阵列距离轴承端 300mm。声音信号由传感器收集,并通过转换器和数据采集器获得结果。在试验过程中,系统的转速设置为 12000r/min(顺时针),径向载荷调整为 100N。外圈和底座之间的初始配合间隙为 0.003mm,环境声压级低于 40dB。收集了 T 为 100K、150K、200K、250K 和 300K 时的声辐射,中心参考点处的试验和模拟结果的比较如图 7.29 所示。

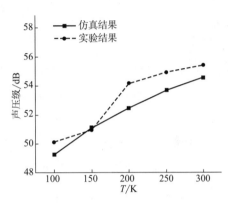

图 7.29 参考点模拟结果与试验结果的比较

根据图 7.29 中的结果,试验中,在参考点处收集的声压级随着温度的增加而增加。声压级的变化证明,工作温度通过改变配合间隙来影响 FCBB 系统的声辐射。声压级的变化趋势与模拟结果大体相同,误差在 2dB 以内。模拟结果的变化更加均匀,而试验结果的变化不规则。误差主要来自试验台的其他声源。随着温度升高,模拟结果与计算结果之间的差异变小。结果表明,考虑配合间隙变化的模型在 FCBB 系统的声辐射计算中具有较高的精度,忽略配合间隙可能导致估计与实际情况大相径庭。

通过旋转阵列获得圆周分布。圆周上有 5 个传感器插座,两个相邻点之间的角度间隔为 24°,通过三次连续测量获得每个温度下的圆周分布。一个位置的采样时间为 5s,忽略 15s 内每个温度测量期间的温度变化。在这种情况下,不同温度下圆周分布的试验结果如图 7.30 所示。

在图 7.30 中,圆周上的声压级通常随温度的升高而增加。最大声压级出

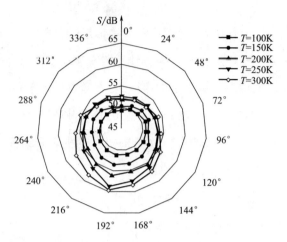

图 7.30　不同温度下圆周分布的试验结果

现在下半圆处,向旋转方向有一个小的偏移。曲线之间的差异在下半圆大于上半圆,并且声辐射曲线的方向性随着温度的升高而变得明显。试验结果曲线之间存在局部相交,但总体趋势与模拟结果相同,表明通过模型获得的结果适用于 FCBB 声辐射的预测,并且声音分布的趋势也适用。

7.7　全陶瓷球轴承状态监测与故障诊断试验验证

7.7.1　成对排列滚动轴承双重剥落定位试验

　　为了检验时滞分析方法的准确性,并进一步识别两个剥落的轴承位置,进行试验以验证理论结果。试验在故障模拟试验台上进行,双剥落位置位于位置 a+d 的不同轴承上。故障模拟试验平台如图 7.31 所示。

　　在图 7.31 中,轴上安装了两个滚动轴承,每个轴承都有一个单独的剥落位置,即轴承 A 和轴承 B。轴由电机通过联轴器驱动,内圈随轴旋转,外圈固定在基座上。轴承 A 和轴承 B 之间的距离为 30mm。故障的圆周位置如图 7.32 所示。在图 7.32 中,轴承 A 的剥落故障被布置为 $\phi_a = 210°$,而轴承 B 的轴承布置

196

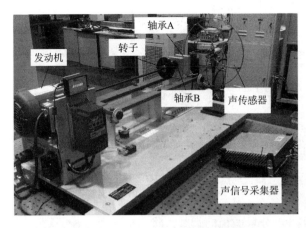

图 7.31　故障模拟试验台

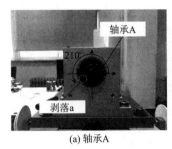
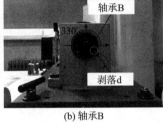

(a) 轴承A　　　　　　　(b) 轴承B

图 7.32　剥落位置

为 $\phi_d = 330°$,声音信号由声音传感器收集,声音传感器布置在距离轴承 A 有 270mm 的麦克风阵列上。阵列的中心点位于轴承轴上,所收集的声音信号通过声音数据采集器获得。阵列的大小和场点的分布如图 7.33 所示。在图 7.33 中,16 个声音传感器被放置在 3 个同心圆的中心。场点 1 可以用作参考点,阵列可以围绕其中心旋转,以获得 3 个同心圆处声辐射的周向分布。在试验中,轴的转速恒定为 2400r/min,采样频率设置为 32768Hz,分析频率间隔为 0~500Hz。环境温度设置为 298K。处理 e 和 f 处的声音信号,场点 1 处的频域结果如图 7.34 所示。

在图 7.34 中,结果中可以清楚地看到 f_r 和 f_o 的频率分量,$2f_o$ 的谐波频率也很明显,这表明存在两个成对轴承中的剥落区域。为了确定剥落区域的角度

197

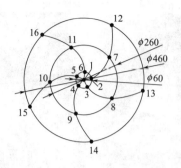

图 7.33　场点的阵列和分布

位置,需要旋转阵列以获得 $2f_o$ 分量的径向衰减。将 $\Delta\phi$ 设置为 6°,从最内圈的点到最外圈的点的 $2f_o$ 振幅的径向衰减如图 7.35 所示。

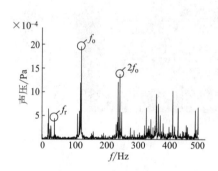

图 7.34　场点 1 处的频域结果

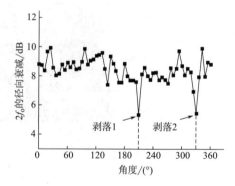

图 7.35　径向衰减为 $2f_o$

　　在图 7.35 中,210°和 330°有两个明显的局部最小值,与剥落区域的方位角一致。然后将最外侧圆上 210°和 330°的方位角点设为 e 点和 f 点。e 点和 f 点的时域信号如图 7.36 所示。

　　在图 7.36 中,时域信号有很多峰值,可以看到双重冲击,很容易地检测出两个相同剥落区域之间的时间间隔,并可得到 Δt。如果实际信号中有几个相似的峰值,Δt 应选在两个幅度相似的峰值之间,Δt 的实际值应与计算结果接近。由 $\Delta t_1 > \Delta t_2$,可推断冲击 1 来自剥落区域图 6.3(a)中 a 或 c。由仿真计算得,TDR=0.26,最接近 a+d 的情况。

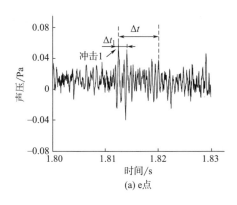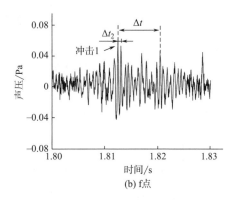

图 7.36　时域信号

7.7.2　三支承轴承—转子系统试验

为了进一步验证三支承结构轴承转子系统数学模型的正确性,搭建相应的试验平台,如图 7.37 所示。整个试验台由电机、轴、转子 3 个参数相同的支承和深沟球轴承组成。为了更清楚地分析各部件的动态特性,将轴分成等长的 9 个部分。轴承装配在节点 2、节点 5、节点 8 上,试验中使用的深沟球轴承是一种特殊的轴承,其尺寸为英寸。

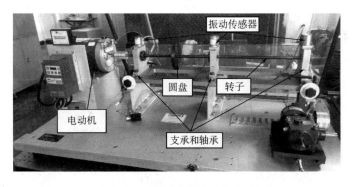

图 7.37　转子系统试验台模型

在仿真过程中,模型的振动特性在每个临界转速后都有明显变化。因此分别在 $n = 3120\text{r/min}$ 和 4680r/min 下进行试验,在转速为 4680r/min 时,试验结构与仿真结构一致,证明了模型的准确性。转速为 3120r/min 时,振动幅度略有不同。这是由于非线性因素(轴承间隙和转子偏心)在实际工作条件下影响试验结果如图 7.38~图 7.41 所示。

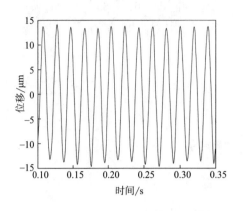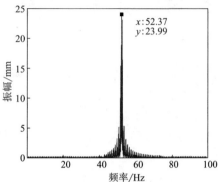

图 7.38　试验(3120r/min,node 5-Y)

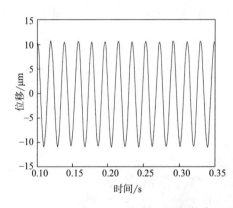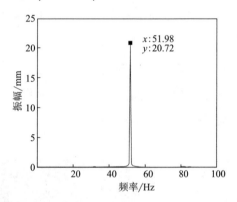

图 7.39　仿真(3120r/min,node 5-Y)

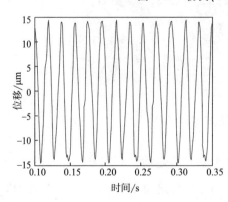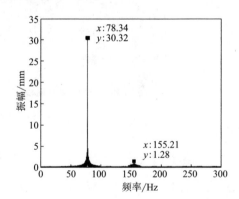

图 7.40　试验(4680r/min,node 5-Y)

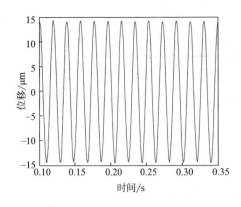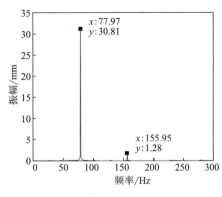

图 7.41　试验(4680r/min, node 5-Y)

7.7.3　多轴承同轴安装下的外圈故障轴承的位置判定试验

为验证所提出的外圈故障轴承位置的判定方法的有效性,以 MB ER-8 型球轴承为例,在三轴承转子试验台上进行测试。以下试验均是只有一个外圈故障轴承存在的情况,并验证故障轴承在不同位置的定位情况。不同转速条件下,外圈故障轴承的特征故障频率见表 7.7。图 7.42 所示试验中,各位置处的振动传感器测得的相应位置的加速度响应,在频域变换后,得到速度响应,代入流程图中计算各位置处的归一化值。

表 7.7　不同转速下, 轴承的外圈故障频率

转子转速/(r/min)	f_{rotor} /Hz	f_{BPFO} /Hz
1800	30	91.44
2100	35	106.61
2400	40	121.92
3000	50	152.40

示例 1:外圈故障轴承位于位置 1

外圈故障轴承设置在位置 1 处,分别测试其在转速 30rad/s、40rad/s、50rad/s 下的 PF 值。图 7.43 为试验测得的各位置处的对数 PF 及归一化图谱。由外圈故障轴承位置的判定方法,计算 3 个位置处的 PF 值,代入式(6.29)~式(6.33)

(a) 三轴承转子试验台

(b) 传感器安装位置

图 7.42　三支承轴承示意图

得到对应的归一化值。如图 7.43 所示,位置 1 处的归一化值最大(此位置 $C=$ 0),归一化值从位置 1 到其他位置处依次递减,衰减趋势近似为线性反比关系。由此得到位置 1 为外圈故障轴承的位置。

示例 2:外圈故障轴承位于位置 2

　外圈故障轴承设置在位置 2 处,分别测试其在转速 30rad/s、40rad/s、50rad/s 下的 PF 值。图 7.44 为试验测得的各位置处的对数 PF 及归一化图谱。由外圈故障轴承位置的判定方法,计算 3 个位置处的 PF 值,代入式(6.29)~式(6.33)得到对应的归一化值。如图 7.44 所示,位置 2 处的归一化值最大(此位置 $C=0$),归一化值从位置 2 到其他位置处依次递减。由此得到位置 2 为外圈故障轴承的位置。

图 7.43 彩图

图 7.44 彩图

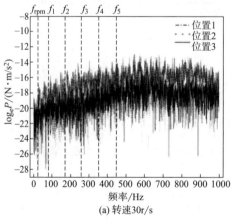
(a) 转速30r/s

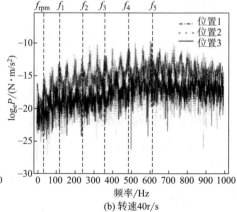
(b) 转速40r/s

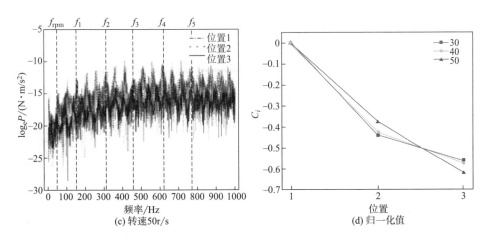

图 7.43　不同转速下，外圈故障轴承位于位置 1 的判定

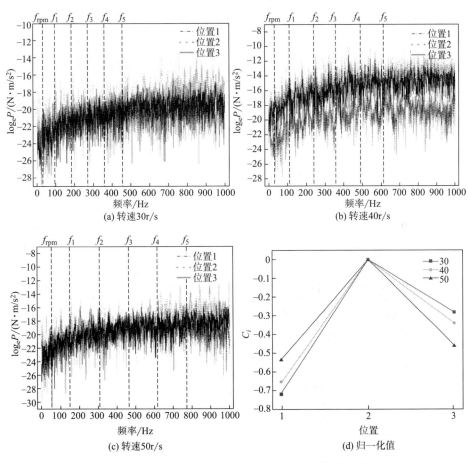

图 7.44　不同转速下，外圈故障轴承位于位置 2 的判定

示例3：外圈故障轴承位于位置3

外圈故障轴承设置在位置3处，分别测试其在转速30rad/s、40rad/s、50rad/s下的 PF 值。图7.45为试验测得的各位置处的对数 PF 及归一化图谱。由外圈故障轴承位置的判定方法，计算3个位置处的 PF 值，代入式(6.29)~式(6.33)得到对应的归一化值。如图7.45所示，位置3处的归一化值最大(此位置 $C=0$)，归一化值从位置3到其他位置处依次递减，衰减趋势近似为线性正比关系。由此得到位置3为外圈故障轴承的位置。

图7.45 彩图

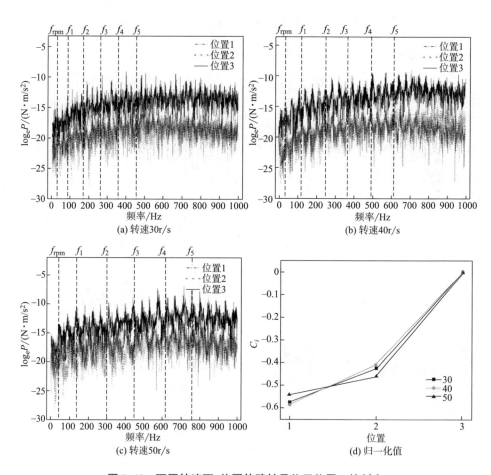

(a) 转速30r/s　　(b) 转速40r/s

(c) 转速50r/s　　(d) 归一化值

图7.45　不同转速下，外圈故障轴承位于位置3的判定

附录：符号表

符号	含义
X、Y、Z	惯性坐标
m_i	内圈质量
m_b	滚动体质量
m_h	轴承座质量
k_{ir}、k_{or}	滚动体与内、外圈接触刚度
k_{ox}、k_{oy}、k_{hx}、k_{hy}	外圈、轴承座沿 x、y 方向刚度
c_{ir}、c_{or}	滚动体与内、外圈接触阻尼
c_{ox}、c_{oy}、c_{hx}、c_{hy}	外圈、轴承座沿 x、y 方向阻尼
T	系统动能
U	系统势能
t	时间
q_i	广义坐标
$\dot{q}_i$	广义坐标系下速度
D	系统能量散逸函数
Q_i	广义外力
N_j	建立方程的质点个数
c_{xj}、c_{yj}、c_{zj}	质点 j 在 x、y、z 方向的阻尼
$\dot{x}$、$\dot{y}$、$\dot{z}$	质点 j 沿 x、y、z 方向的速度
s	外力作用表面
F_x、F_y、F_z	外力沿 x、y、z 方向的分量
F_x、F_y	受力沿与轴线垂直的平面内两坐标轴的分量
M	转矩

符号	含义
Q_{ij}、Q_{oj}	内、外圈施加给滚动体 j 的压力
α_{ij}、Q_{oj}	滚动体与内、外圈的接触角
F_{cj}	滚动体所受离心力
M_{gj}	滚动体自转转矩
F_{gj}	摩擦力
λ_{ij}、λ_{oj}	内、外圈控制参数
$\sum F_x$	相应构件所受的合力
J	转动惯量
x	平动位移
ω	轴承转速
∇^2	二阶拉普拉斯算子
$p(x)$	声压
k	声波波数
ω_0	声波圆频率
c_0	声速
$\boldsymbol{n}$	结构表面的外法线单位矢量
d	流体介质密度
v_n	结构表面的外法线振速
$j=\sqrt{-1}$	虚数算子
$r=|x-y|$	配置点距离场点的距离
S_s	子声源表面
S_i、S_c、S_{bj}、S_{bk}	内圈、保持架、承载滚动体 j 与非承载滚动体 k 的子声源表面
$C(x)$	与 x 位置相关的系数
$p_s(y)$	由振源 s 产生的位于 y 点的表面声压
$\boldsymbol{n}_s$	S_s 平面外法线方向单位向量
$\boldsymbol{A}$、$\boldsymbol{B}$	与声源表面条件与波数相关的影响系数矩阵
v_{ns}	S_s 面上的法向振速
$\boldsymbol{p}_s$	子声源 s 表面的声压向量
$\boldsymbol{v}_{ni}$、$\boldsymbol{v}_{nc}$、$\boldsymbol{v}_{nbj}$、$\boldsymbol{v}_{nbk}$	内圈、保持架 j 号与 k 号滚动体的法向振速向量

续表

符号	含义
$p_i(x)$、$p_c(x)$、$p_{bj}(x)$、$p_{bk}(x)$	内圈、保持架、j 号与 k 号滚动体的声辐射
$\boldsymbol{a}_s$、$\boldsymbol{b}_s$	插值影响系数矩阵
$S(x)$	场点 x 处声压级
$p_{ref} = 2 \times 10^{-5}\,\mathrm{Pa}$	参考声压
O_i、X_i、Y_i、Z_i	内圈坐标
O_c、X_c、Y_c、Z_c	保持架坐标
O_{bj}、X_{bj}、Y_{bj}、Z_{bj}	滚动体坐标
O_{ir}	内圈滚道截面圆心
e	内圈偏心量
ϕ_e	内圈偏心角度
ϕ_j	内圈坐标系下滚动体 j 相位角
F_a	轴向预紧力
$T_{\xi ij}$	内圈牵引力
Q_{qj}	保持架与滚动体 j 之间作用力
$F_{R\eta ij}$、$F_{R\xi ij}$	内圈与滚动体之间摩擦力在 $X_i O_i Z_i$ 与 $Y_i O_i Z_i$ 平面内的分量
J_j	滚动体 j 的转动惯量
$\omega_{\eta j}$	滚动体 j 在 $X_{bj} O_{bj} Z_{bj}$ 平面内陀螺运动的角速度
D_j	滚动体 j 直径
$\omega_{\xi j}$	滚动体 j 在 $Y_{bj} O_{bj} Z_{bj}$ 平面内的自转角加速度
m_j	滚动体 j 的质量
μ	保持架与滚动体之间的摩擦系数
O_{bj}、O_{bk}	第 j、k 个滚动体的中心
R_i	轴承内圈内径
l_i	内圈最小厚度
r_i	内圈滚道半径
$\overline{O_i O_{bj}}$	内圈中心与滚动体 j 中心距离在 YOZ 平面内投影
$\overline{OO_{bj}}$	固定坐标系中心与滚动体 j 中心距离在 YOZ 平面内投影
$\ddot{x}_i$、$\ddot{y}_i$、$\ddot{z}_i$	内圈绕 $O_i X_i$、$O_i Y_i$、$O_i Z_i$ 轴的加速度
I_{ix}、I_{iy}、I_{iz}	内圈沿 $O_i X_i$、$O_i Y_i$、$O_i Z_i$ 轴的转动惯量

符号	含义
ω_{ix}、ω_{iy}、ω_{iz}	内圈角速度
$\dot{\omega}_{ix}$、$\dot{\omega}_{iy}$、$\dot{\omega}_{iz}$	内圈沿 O_iX_i、O_iY_i、O_iZ_i 轴的相应角加速度
N_1	承载滚动体个数
r_{ij}	公转半径
d_m	轴承节圆直径
e_c	保持架偏心量
ϕ_c	固定坐标系 $\{O;Y,Z\}$ 与保持架坐标系 $\{O_c;Y_c,Z_c\}$ 的夹角
Q_{cxj}、Q_{cyj}、Q_{czj}	Q_{cj} 在 O_cX_c、O_cY_c、O_cZ_c 坐标轴方向上的分量
φ_j	滚动体 j 在保持架坐标系 $\{O_c;Y_c,Z_c\}$ 下的方位角
F_c	润滑油施加给保持架的作用力
F_{cy}、F_{cz}	F_c 沿 O_cY_c 与 O_cZ_c 轴方向的分量
$P_{R\xi j}$、$R_{R\eta j}$	在 $Y_cO_cZ_c$ 平面与 $X_cO_cZ_c$ 平面内滚动体施加给保持架的摩擦力分量
N	总滚动体个数
m_c	保持架质量
$\ddot{x}_c$、$\ddot{y}_c$、$\ddot{z}_c$	保持架沿 O_cX_c、O_cY_c、O_cZ_c 轴方向加速度
M_{cx}	保持架外部载荷
I_{cx}、J_{cy}、I_{cz}	保持架转动惯量
ω_{cx}、ω_{cy}、ω_{cz}	保持架绕 O_cX_c、O_cY_c、O_cZ_c 轴转动角速度
$\dot{\omega}_{cx}$、$\dot{\omega}_{cy}$、$\dot{\omega}_{cz}$	保持架绕 O_cX_c、O_cY_c、O_cZ_c 轴转动角加速度
F_{bjx}、F_{bjy}、F_{bjz}	润滑油对滚动体的作用力在 $O_{bj}X_{bj}$、$O_{bj}Y_{bj}$、$O_{bj}Z_{bj}$ 方向上的分量
$F_{R\eta oj}$、$F_{R\xi oj}$	外圈与滚动体之间摩擦力在 $X_{bj}O_{bj}Z_{bj}$ 与 $Y_{bj}O_{bj}Z_{bj}$ 平面内的分量
G_{yj}、G_{zj}	滚动体 j 重力在 $O_{bj}Y_{bj}$ 与 $O_{bj}Z_{bj}$ 轴上的分量
ρ	滚动体材料密度
Q'_{cxj}、Q'_{cyj}、Q'_{czj}	Q_{cxj}、Q_{cyj}、Q_{czj} 在滚动体坐标系 $\{O_{bj};X_{bj},Y_{bj},Z_{bj}\}$ 上的投影
P'_{Rxj}、P'_{Ryj}、P'_{Rzj}	$P_{R\xi j}$ 与 $P_{R\eta j}$ 在 $O_{bj}X_{bj}$、$O_{bj}Y_{bj}$、$O_{bj}Z_{bj}$ 轴上的投影
$\ddot{x}_{bj}$、$\ddot{y}_{bj}$、$\ddot{z}_{bj}$	滚动体 j 沿 $O_{bj}X_{bj}$、$O_{bj}Y_{bj}$、$O_{bj}Z_{bj}$ 轴的加速度
I_{bj}	滚动体 j 在固定坐标系 $\{O;X,Y,Z\}$ 中的转动惯量

符号	含义
J_{xj}、J_{yj}、J_{zj}	滚动体 j 在滚动体坐标系 $\{O_{bj};X_{bj},Y_{bj},Z_{bj}\}$ 中对应各转轴的转动惯量
ω_{xj}、ω_{yj}、ω_{zj}	滚动体 j 绕 $O_{bj}X_{bj}$、$O_{bj}Y_{bj}$、$O_{bj}Z_{bj}$ 轴的转动角速度
ω_{bxj}、ω_{byj}、ω_{bzj}	滚动体在固定坐标系中绕 OX、OY、OZ 轴的转动角速度
$\dot{\omega}_{xj}$、$\dot{\omega}_{yj}$、$\dot{\omega}_{zj}$、$\dot{\omega}_{bxj}$、$\dot{\omega}_{byj}$、$\dot{\omega}_{bzj}$	相应角加速度
$\dot{\theta}_{bj}$	滚动体在坐标系 $\{O;X,Y,Z\}$ 中的公转速度
δ	全陶瓷轴承滚动体球径差
D_n	滚动体公称直径
R_m	第 m 个滚动体的球径差系数
δ_b	球径差幅值
$S(x)$	场点 x 处声压级
f_r	轴承转频
f_c、f_b、f_i、f_o	保持架、滚动体、内圈滚道与外圈滚道的特征频率
ϕ_s	剥落位置的方位角
θ_s	剥落宽度
R_o	外圈内孔半径
R_b	球半径
F_{ej}	第 j 个球的离心力
f'_j	冲击力
R_j	剥落区域的旋转半径
ψ	最大声压级的方位角
d_c	裂纹深度
Q_p	载荷分布
Q_{max}	最大负载分布密度
K_{IC}	陶瓷材料在裂纹位置的断裂韧性
H	维氏硬度
C_{oc}、C_c	外圈阻尼矩阵
C_o、C	振动传导阻尼矩阵
c	滚珠轴承间隙
D、d	滚动元件的节距直径和直径

续表

符号	含义
d_c	裂纹深度
E、E_0	弹性模量和固有弹性模量
EN_C	裂纹扩展产生的能量
F	径向力
K_I	应力强度因子
K_{IC}、$\overline{K}_{IC}$	断裂韧性和有效断裂韧性
K_L	负荷分配系数
K_c、K_f	无裂纹刚度和裂纹刚度
$\boldsymbol{K}_{oc}$	外环的度矩阵
$\boldsymbol{K}_o$	振动传导刚度矩阵
l_{x0}、l_{x1}、l_{x2}、l_{z0}、l_{z1}、l_{z2}	与传递刚度相对应的外圈弧长
m_{x1}、m_{x2}、m_{z1}、m_{z2}	单位质量 x_1、x_2 和 z_1、z_2 的位置
m_{out}	外环质量
M_c	裂缝弯矩
$\boldsymbol{M}$	质量矩阵
$\boldsymbol{Q}$	载荷矩阵
SERR	应变能释放率
ΔU	应变能增量
U	应变能
U_c、W	裂纹外圈应变能与终应变能
x_c、x_{c1}、x_{c2}	裂纹、x_1、x_2 位置沿 x 轴方向的振动信号
z_c、z_{c1}、z_{c2}	裂纹、z_1 和 z_2 位置沿 z 轴方向的振动信号
Z	滚动体数
$SRMS_{x1}$、$SRMS_{x2}$、$SRMS_{z1}$、$SRMS_{z2}$	x_{c1}、x_{c2} 和 z_{c1}、z_{c2} 的同步均方根
$\Delta SRMS_x$、$\Delta SRMS_z$	$SRMS_{x1}$ 与 $SRMS_{x2}$、$SRMS_{z1}$ 与 $SRMS_{z2}$ 的差异
α	接触角
β	削弱系数
Ψ	裂缝张开角
ω_s	轴运转速度
ω_c	保持架公称转速

符号	含义
δ_{max}	最大径向偏移
φ_c	轴承外圈上裂纹的角度位置
φ_{cx}	从 x 轴振动信号的角度位置
φ_{cz}	角位置从 z 轴振动信号
φ_a	x 轴与 z 轴夹角
φ	任意位置角
ξ_c	修正系数
m_o	外圈加底座的质量
c_i	内圈加轴的阻尼
c_o	外圈加轴的阻尼
k_i	内圈加轴的刚度
k_o	外圈加轴的刚度
x_i、y_i	内圈加轴的水平方向和垂直方向位移
x_o、y_o	外圈加底座的水平方向和垂直方向位移
K	载荷偏转系数
δ_j	第 j 个滚动体与滚道的接触变形
η	撞击力方向与径向的夹角
F_{impact}	时变撞击力
r_c	轴承径向间隙
$H(\phi_j)$	有效深度系数
F_j	赫兹接触力
h	故障深度
$\Delta\phi_f$	故障周向范围
r_b	滚珠的半径
r_o	外圈的半径
ϕ_0	第一个滚动体在零时刻相对 y 轴正方向的角位置
F_f	接触力在 x 方向与 y 方向的比值
HVSPR	水平垂直同步峰值比
N_m	采样数据中每个滚珠经过故障点的个数

符号	含义
$x(i)$、$y(i)$	水平和垂直方向上的振动加速度
N_n	采样数据中相邻的两个滚珠经过故障点的数量差值
f_s	采样频率
ω_c	保持架角速度
N_s	采样数据的数量
ϕ_f	故障角位置
D_0、D_0'	变形前后的支座孔径
d_0、d_0'	变形前后的外圈直径
L、L'	变形前后轴承座轴向尺寸
α_o	外圈热变形系数
ΔT	温度范围
V、V'	变形前后支座体积
α_p	轴承座热变形系数
δ_0'	热变形后的配合间隙
ϕ_o	外圈方位角
Q_p、F_p	外圈与底座之间的接触压力和摩擦力
e_o	O_o 与 O 之间的距离
k_p	轴承座接触刚度
f_p	轴承座与轴承外圈间的摩擦系数
ω_o	外圈转速
d_b	球直径
J_o	外圈的转动惯量
$\dot{\omega}$	外圈的角加速度
Q_{pm}	Q_p 在 θ 方位角上的最大值
ω_h	O—O_o 的轨道速度
OSR	评估轴承动态的指标
OSR_m	圆周上的最大值
OSR_p	理想滚动条件下的峰值
$\overline{OSR}$	OSR 的平均值

续表

符号	含义
ψ_{si}	内滚道上缺陷的方位角
ϕ_{so}	外滚道上缺陷的方位角
θ_{si}、θ_{so}	缺陷尺寸
θ_i	F_{ij} 和 ψ_{si} 之间的角度
θ_o	F_{oj} 和 ϕ_{so} 的夹角
p_{FCBB}	全陶瓷轴承系统场点处的总声压
G_s	周长的变化
$\boldsymbol{A}_o$、$\boldsymbol{B}_o$	与表面条件和波数相关的冲击系数矩阵
$\{\boldsymbol{A}\}$	系统的广义加速度向量
$\boldsymbol{A}_o$、$\boldsymbol{b}_o$	与表面条件和场点位置相关的插值系数矢量
$\boldsymbol{C}_s$	系统阻尼矩阵
c_r	轴承的径向游隙
c_{io}、c_{oh}、c_n	轴承内圈、外圈和基座的阻尼
D_i、D_o	轴承的内外圈的直径
f_x、f_y	分别表示 x 和 y 方向上的总接触力
M_y、M_z	外部载荷
F_{Aa}、F_{Ab}	剥落而作用于轴承 A 外圈的冲击力
$\boldsymbol{F}_e$	广义外力向量
$\boldsymbol{F}_{sr}$	系统广义外力向量
$\boldsymbol{G}_e$	陀螺矩阵
$\boldsymbol{G}_s$	系统陀螺矩阵
$\boldsymbol{G}_{yj}$、$\boldsymbol{G}_{zj}$	滚动体重力在 $O_{bj}Y_{bj}$ 与 $O_{bj}Z_{bj}$ 轴上的投影
$\boldsymbol{K}_{be}$	单元弯曲矩阵和剪切刚度矩阵
$\boldsymbol{K}_{ae}$	单元拉伸刚度矩阵
$\boldsymbol{M}_s$	系统质量矩阵
$[\boldsymbol{M}]$、$[\boldsymbol{C}]$、$[\boldsymbol{K}]$	系统惯量、阻尼、刚度矩阵
m_A	轴承 A 外圈的质量
P'_{Rj}	滚动体与保持架之间摩擦力在坐标系 $\{O_{bj};X_{bj},Y_{bj},Z_{bj}\}$ 上的投影

续表

符号	含义
p_i'、p_o'、p_c'、p_o'	内圈、外圈、保持架和球的子源的声压
$\sum p$	场点处的叠加声压
$\{P\}$	系统的广义载荷向量
p_g	空气压力
p_o	振动表面处的声压矢量
Q_{ej}'	滚动体与保持架之间挤压力在坐标系 $\{O_{bj};X_{bj},Y_{bj},Z_{bj}\}$ 上的投影
P_{Rj}	滚动体与保持架之间摩擦力
$\{V\}$	系统的广义速度向量
v_{no}	法向速度矢量
W_y	施加在 y 方向上的负载
$\{X\}$	系统的广义位移向量
y_A、z_A	位移
ζ	阻尼比
θ_{bj}	滚动体在 YOZ 平面内公转角加速度
r_g	热传导系数
ρ_g	空气密度